Researcher's Guide to:
International Space Station
Physical Sciences Informatics System

NP-2018-08-018-JSC

This International Space Station (ISS) Researcher's Guide is published by the NASA ISS Program Science Office.

Authors:
Dr. Francis Chiaramonte, Program Scientist for Physical Sciences
Ms. Cynthia Frost, PSI Project Manager
Ms. Cheryl Payne, PSI Data Architect
Ms. Preethi Manoharan, Senior Solicitation Support Specialist
Ms. Teresa Miller, PSI Technical Manager
Dr. Harri Vanhala, Lead Solicitation Support Scientist

Executive Editor: Heidi Parris
Technical Editor: Susan Breeden
Designer: Cory Duke

Published: October 10, 2018
Revision: (ebook only) December 7, 2018

Cover and back cover:

a. PSI: Providing Global Access to Microgravity Physical Sciences Data
b. This color image of an ethylene-air diffusion flame was recorded 1.3 seconds after ignition in the NASA Glenn Research Center 2.2~Second Drop Tower. The flame sheet and soot are clearly visible. Ignition was performed in microgravity, and most ignition nonuniformities have dissipated here. The camera used is a Nikon D100 digital still camera with a resolution of 6 megapixels. The scale is indicated by the 6-mm spherical burner (top). ISS final Configuration (bottom). (Image credit: NASA)

The Lab is Open

Orbiting the Earth at almost 5 miles per second, a structure exists that is nearly the size of a football field and weighs almost a million pounds. The International Space Station (ISS) is a testament to international cooperation and significant achievements in engineering. Beyond all of this, the ISS is a truly unique research platform. The possibilities of what can be discovered by using the results of research already conducted, as well as by conducting research on the ISS, are endless and have the potential to contribute to the greater good of life on Earth and inspire generations of researchers to come.

As we increase utilization of the ISS as a National Laboratory, now is the time for investigators to propose ways to use both existing and new research and to make discoveries unveiling new knowledge about nature that could not be defined using traditional approaches on Earth.

NASA's Physical Sciences Research Program conducts fundamental and applied physical sciences research, with the objective of enabling exploration and pioneering scientific discovery. NASA's experiments in the various disciplines of physical science reveal how physical systems respond to the near absence of gravity. They also reveal how other phenomena that have a small influence on physical systems in Earth's gravity can dominate system behavior in space.

Not only are we using the ISS to perform investigations, we are also taking the results from these investigations and making them available to researchers via open data. The PSI system (https://psi.nasa.gov) allows researchers to access the data from physical sciences investigations, most of which have been performed on the ISS.

Unique Features of the ISS Research Environment

1. **Microgravity**, or weightlessness, alters many observable phenomena within the physical and life sciences. Systems and processes affected by microgravity include surface wetting and interfacial tension, multiphase flow and heat transfer, multiphase system dynamics, solidification, and fire phenomena and combustion. Microgravity induces a vast array of changes in organisms ranging from bacteria to humans, including global alterations in gene expression and three-dimensional (3-D) aggregation of cells into tissue-like architecture.

2. **Extreme conditions** in the ISS environment include exposure to extreme heat and cold cycling, ultra-vacuum, atomic oxygen, and high-energy radiation. Testing and qualification of materials exposed to these extreme conditions have provided data to enable the manufacturing of long-life, reliable components used on Earth as well as in the world's most sophisticated satellite and spacecraft components.

3. **Low Earth Orbit** at 51 degrees inclination and at a 90-minute orbit affords ISS a unique vantage point with an altitude of approximately 240 miles (400 kilometers) and an orbital path over 90 percent of the Earth's population. This can provide improved spatial resolution and variable lighting conditions compared to the sun-synchronous orbits of typical Earth remote-sensing satellites.

Table of Contents

The Lab is Open	3
Unique Features of the ISS Research Environment	5
Introduction	7
NASA's Physical Sciences Research Program and Physical Sciences Informatics System	8
What is the Open Science Research Method?	10
PSI Research Areas	12
Biophysics	12
Combustion Science	13
Complex Fluids	14
Fluid Physics	15
Fundamental Physics	16
Materials Science	17
How the PSI System Works	19
Using the PSI System	20
PSI Funding Opportunities	32
Acronyms	33

Introduction

The Physical Sciences Informatics (PSI) system (https://psi.nasa.gov) is a tool developed by NASA to serve as a data repository for the experiments performed on the ISS and other platforms. The goal of the PSI system is to enable global access to cutting-edge research data to fuel innovation and discovery. It enables more scientists to conduct research using data from the rich heritage of reduced-gravity flight investigations conducted through the NASA Physical Sciences Research Program.

Figure 1. NASA astronaut Catherine (Cady) Coleman conducts a session with the Capillary Flow Experiment 2 (CFE-2) Interior Corner Flow (ICF) Experiment. (Image Credit: NASA)

NASA's Physical Sciences Research Program and Physical Sciences Informatics System

NASA has conducted thousands of experiments in space to understand the effect of reduced gravity on physical, chemical, and biological systems. Reduced gravity manifests itself through effects such as reduced buoyancy-driven convection, sedimentation, and hydrostatic pressure. NASA's Physical Sciences Research Program conducts both fundamental and applied physical sciences research and supports the vision of the Space Life and Physical Sciences Research and Applications (SLPSRA) Division, which is to enable space exploration and pioneer scientific discovery. The Physical Sciences Research Program is organized into six disciplines: biophysics, combustion science, complex fluids, fluid physics, fundamental physics, and materials science (Figure 2). The goal of the research is to understand the physics and chemistry of systems in low gravity. Over the years, this research program has been guided by the National Research Council (NRC) reports, such as Microgravity Research in Support of Technologies for the Human Exploration and Development of Space and Planetary Bodies (2000), Directions in Microgravity and Physical Sciences Research at NASA (2003), and Recapturing a Future for Space Exploration: Life and Physical Sciences Research for a New Era (2011).

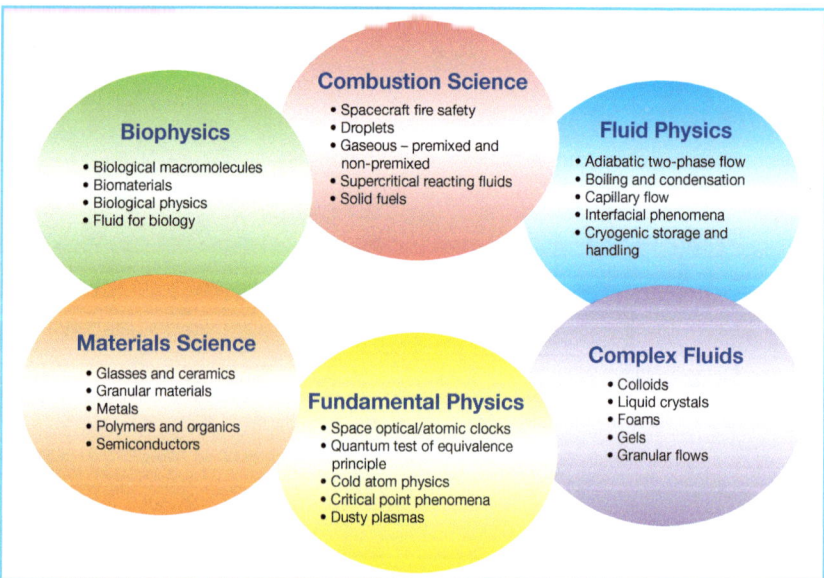

Figure 2. The six research areas for the Physical Sciences Research Program.

NASA's Physical Sciences Research Program benefits from collaborations with several international partners – Canadian Space Agency (CSA), European Space Agency (ESA), Japan Aerospace Exploration Agency (JAXA), and the Roscosmos State Corporation for Space Activities (Roscosmos) – and foreign nations with space programs, such as France, Germany, and Italy. Additional partnerships have been formed within NASA, such as with the Space Technology Mission Directorate (STMD) and Advanced Exploration Systems (AES) division, as well as with other U.S. Government agencies, such as the National Institute of Standards and Technology (NIST) and the National Science Foundation (NSF), and with non-government organizations such as the Center for the Advancement of Science In Space (CASIS). The scale of this research enterprise promises new possibilities in the physical sciences. Some of these possibilities are already being realized in the form of innovations for space exploration and in advances in scientific knowledge that may lead to new ways of improving the quality of life on Earth.

NASA's experiments in the various disciplines of physical science reveal how physical systems respond to the near absence of gravity. They also show how other phenomena, which have limited influence in Earth's gravity, can dominate system behavior in space. Examples of observations in space include boiling in which bubbles do not rise, colloidal systems producing crystalline structures not achievable on Earth, circular flames burning around fuel droplets, and solidification of metal alloys producing a dendritic structure that is nearly uniform. Furthermore, reduced gravity enables the probing of ultra-cold atoms for longer duration and at lower energy compared to what is possible on Earth.

Physical science data and reports from completed ISS experiments are being loaded into the PSI system. This system is a web-based online informatics system containing science data from completed physical science reduced-gravity flight experiments conducted on the ISS, Space Shuttle flights, or Free Flyers, and from related ground-based studies. This informatics library is designed to be a research tool that allows investigators to expand upon the valuable research performed on reduced-gravity platforms to advance science in accordance with the open science research method. The PSI website is open to the general public to use in their research and further their knowledge. This database provides an opportunity to accelerate progress from ideas to research to products while also leading to advancements in fundamental research.

What is the Open Science Research Method?

Federal Government data are a valuable national resource. Managing Federal Government data to make the data open, available, discoverable, and usable to the general public, businesses, journalists, academics, and advocates promotes efficiency and effectiveness in Government, creates economic opportunities, and promotes scientific discovery. As a Federal Agency, NASA is required to publicly disclose the results of its sponsored research to generate knowledge that benefits the nation. Furthermore, promoting the full and open sharing of data with the research communities, private industry, academia, and the general public is a longstanding core value of NASA. Therefore, NASA has developed an Agency plan, "NASA Plan for Increasing Access to the Results of Scientific Research," which outlines a framework for activities to increase public access to scientific publications and digital scientific data resulting from NASA-funded research. The PSI system is designed as a tool for investigators to further science in accordance with the open science method, while also meeting the requirements of the nation's open data policy.

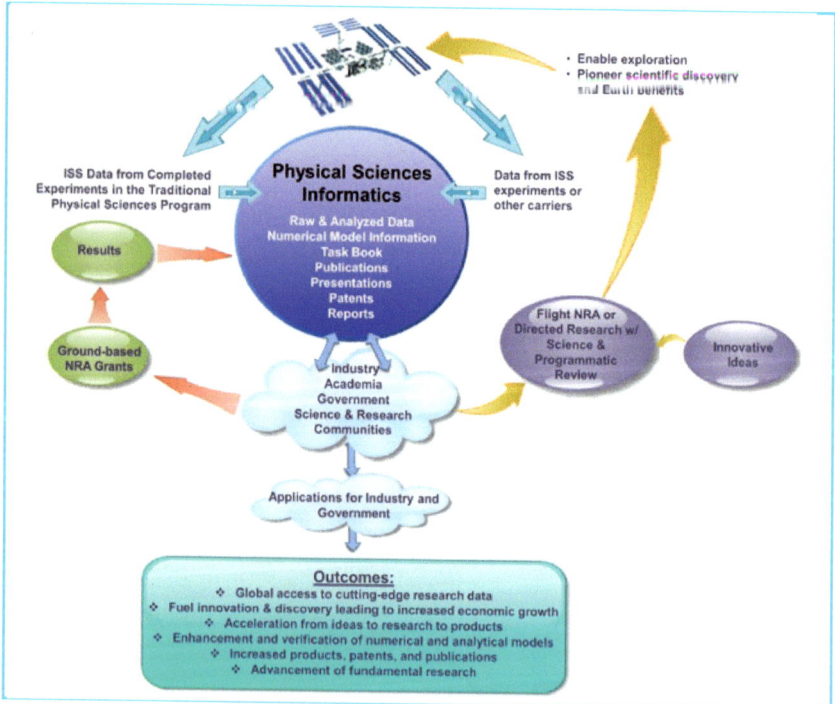

Figure 3. The Physical Sciences research program flow.

The open science method that has been adopted by NASA's Physical Sciences Research Program brings together the community of researchers to define an envelope of broadly scoped experiments that are conducted and analyzed, with the resulting data placed into the open-access PSI system. In this manner, the Physical Sciences open science vision (Figure 3) leverages raw and analyzed data from completed experiments to create experimental informatics libraries that support many more investigators who are conducting microgravity-derived research, converting what traditionally would be a single Principal Investigator (PI) research opportunity into multiple PI research opportunities. Data generated from the new research is loaded into the PSI, which provides mass dissemination of the new data to numerous investigators. In addition, open science can be viewed as the principle of providing access to the physical science data to other scientists in addition to the investigators who originally obtained the data.

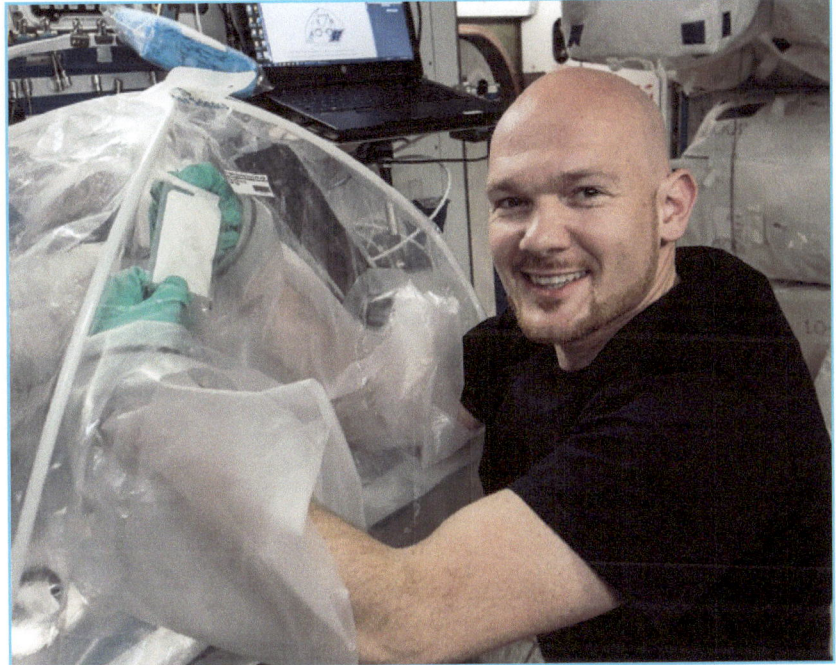

Figure 4. ESA Astronaut Alexander Gerst works on the Microgravity Investigation of Cement Solidification (MICS) experiment aboard the International Space Station. (Image Credit: NASA)

PSI Research Areas

Biophysics

Biophysics is an interdisciplinary science that studies the application of physics to biological systems. Current investigations include protein crystallization, biofilms, and amyloid fibril formation.

- Protein crystals grown in space are often larger than those grown on Earth, as shown in Figure 5. It is theorized that the chemical conditions for optimal crystal growth are different in microgravity.
- Biofilms have been found to be growing on ISS surfaces and fluid systems, which cause biofouling, corrosion, and contamination. Studies on this subject will provide important data for the development of materials and methods for controlling biofilm formation to ensure environmental control systems, water supplies, and other necessary vehicle systems function properly during long-duration exploration missions.
- Amyloid fibril formation in proteins is widely studied because of its role in conditions such as Alzheimer's Disease and Parkinson's Disease, as well as its promise for advanced materials. The absence of gravity allows surface tension to provide fluid containment so that protein does not interact with solid walls. Flow effects on protein fibrillization can therefore be studied at fluid interfaces similar to physiological processes.

Microgravity fluid physics research will aid both respective fundamental science and translational research, leading to results applicable to numerous biophysical challenges encountered in space and on Earth.

The research area of biophysics includes the following themes:

- Biological macromolecules
- Biomaterials
- Biological physics
- Fluids for biology

Figure 5. Images of human insulin crystals grown in 1-g (left) and microgravity (right). Crystals grown in microgravity are larger and of higher resolution. (Image Credit: NASA)

Combustion Science

Figure 6. Left: Flames on Earth in 1-g driven by convection currents. Right: Flames in microgravity exhibiting that convection does not occur in microgravity: the hot wax from the candle does not rise; instead, the hot gas diffuses and burns when reaching a supply of oxygen. (Image Credit: NASA)

One of the goals of the microgravity combustion science research program is to improve combustion processes, which are expected to lead to added benefits to human health, comfort, and safety. NASA's combustion science in microgravity research focuses on effects that can be studied in the absence of buoyancy-driven flows caused by Earth's gravity, as illustrated in Figure 6. This figure shows that the familiar teardrop shape of the flame on Earth, caused by upward airflow, becomes spherical in microgravity due to the absence of this flow. Research conducted without the interference of buoyant flows can lead to an improvement in combustion efficiency that has the potential for considerable economic and environmental impact.

Combustion science is relevant to a range of challenges for long-term human exploration of space that involve reacting systems in reduced and low gravity. These challenges include the following:

- spacecraft fire prevention, detection, and suppression
- thermal processing of regolith for oxygen and water production
- thermal processing of the Martian atmosphere for fuel and oxidizer production
- processing of waste and other organic matter for stabilization and recovery of water, oxygen, and carbon

Substantial progress in any of these areas will be accelerated significantly by an active reduced-gravity combustion research program using the open science method.

The research area of combustion science includes the following themes:

- Spacecraft fire safety
- Droplets
- Gaseous – premixed and non-premixed
- Supercritical reacting fluids
- Solid fuels

Complex Fluids

Complex fluids comprise a large class of soft materials including colloids, microemulsions, foams, liquid crystals, and granular material. It is possible to study these systems and gain insight into many diverse fields such as phase transitions, nucleation and crystal growth, coarsening, glass formation, chaos, field theory, and much more. Furthermore, research in complex fluids provides the underpinnings of translational research related to NASA's exploration of planetary surfaces as well as to terrestrial applications in industries such as pharmaceutical, chemical, plastics, soap and detergent, electronic display, and petroleum.

The need to conduct research in a microgravity environment is clear. Because of the relatively large size of the basic structures, gravitational forces dominate and cause sedimentation, convective flows, jamming, and other property gradients. Weaker forces such as surface tension and entropic forces are completely masked on Earth. In granular materials, stresses and yield properties are also sensitive to gravity. Figure 7 shows the effect of gravity on liquid crystal circular islands in a liquid crystal bubble film. The suspended liquid crystal islands in microgravity (right), allow the long-term, dynamic interaction of coarsening. On Earth (left image), due to sedimentation, the liquid crystal islands collapse into a continuous medium at the

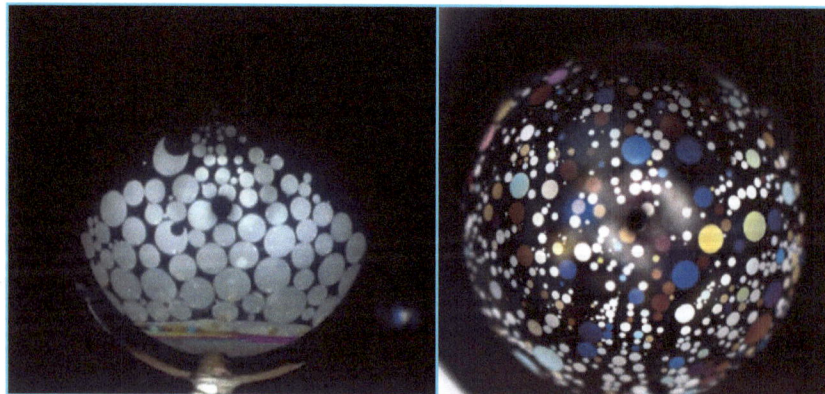

Figure 7. The dramatic effect of gravity on liquid crystal islands on a thin liquid crystal bubble film, on Earth (left) and in microgravity (right). On Earth, all the islands (circular domains of several layers of liquid crystal) were sedimented at the bottom of the extremely thin liquid crystal bubble film. The bubble film is about two to three layers of Smectic liquid crystal; each layer is 3 nanometers. In microgravity, the liquid crystal islands were dispersed over the very thin liquid crystal film. These islands coarsened into larger domains in about 20 minutes and remained dispersed throughout the bubble film. The liquid crystal microgravity tests were conducted on the ISS as part of the Observation and Analysis of Smectic Islands in Space experiment. (Image Credit: NASA)

bottom of the sphere. Using the open science method, including this informatics database, is anticipated to inspire new areas of research, enhance discovery, and increase innovation in soft materials.

The research area of complex fluids includes the following themes:

- Colloids
- Liquid crystals
- Foams
- Gels
- Granular flows

Fluid Physics

The goal of the microgravity fluid physics program is to understand fluid behavior of physical systems in space, thereby providing a foundation for predicting, controlling, and improving a vast range of technological processes. The absence of buoyancy and the stronger influence of capillary forces can have a dramatic effect on fluid behavior, specifically in reduced gravity. For example, capillary flows in space can pump fluids to higher levels than those achieved on Earth. In the case of systems where phase change heat transfer is required, it has been shown that bubbles will not rise under pool boiling conditions in microgravity, resulting in a change in the heat transfer rate at the surface. Consequently, these bubbles coalesce into a large bubble, as shown in Figure 8. The microgravity experimental data is archived in the PSI database where it can be used to verify computational fluid dynamics models. These improved models can then be used by future spacecraft

Figure 8. Left: Liquid heated to boiling point in 1-g, generating vapor bubbles that rise. Right: Liquid heated to boiling point in microgravity, which occurs in the absence of natural convection or buoyant flows. Under these conditions, bubbles generated at the heater coalesce into a single large bubble. (Image Credit: NASA)

designers to predict the performance of fluid conditions in space exploration systems such as air revitalization, solid waste management, water recovery, thermal control, cryogenic storage and transfer, energy conversion systems, and liquid propulsion systems.

The research area of fluid physics includes the following themes:
- Adiabatic two-phase flow
- Boiling and condensation
- Capillary flow
- Interfacial phenomena
- Cryogenics storage and handling

Fundamental Physics

The microgravity environment of space offers a unique experimental environment that enables high-precision measurements of fundamental physics in fields such as thermophysical measurements, atomic physics, and relativistic physics. This research is significant: it seeks to reveal the principles that govern the behavior of the physical world.

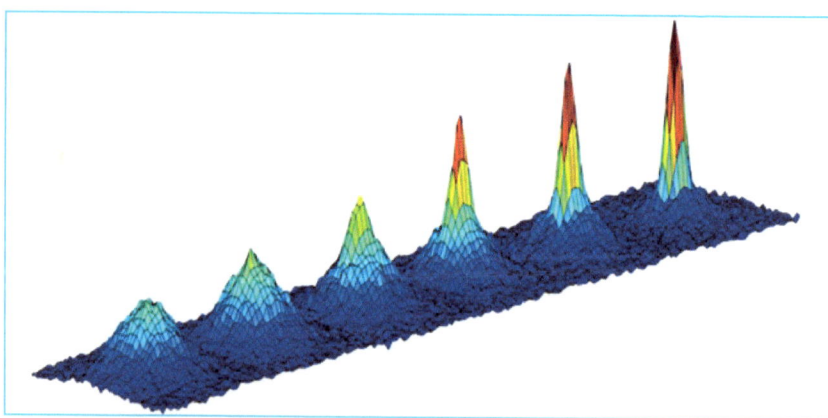

Figure 9. This series of graphs shows the changing density of a cloud of rubidium atoms as it is cooled to lower and lower temperatures (going from left to right) approaching absolute zero. The emergence of a sharp peak in the later graphs confirms the formation of a Bose-Einstein condensate – a fifth state of matter – occurring here at a temperature of 130 nanoKelvin (0.00000013 Kelvin) above absolute zero. The color shows density variations. Blue valleys represent the lowest density; red pointed peaks represent the highest density. Red signifies condensation of particles into the ground state; i.e., the lowest possible energy state. These tests were conducted on the ISS in the Cold Atom Lab. (Image Credit: NASA/Jet Propulsion Laboratory-Caltech)

The microgravity environment also leads to new measurement regimes that are not accessible on the ground. Examples include studies of ultra-cold atoms, dusty plasma, and critical phenomena. Furthermore, large gravitational potential variation, velocity, and spatial extent boost the science sensitivity enormously and provide access to particular physical effects. Figure 9 illustrates the formation of a Bose-Einstein condensate in space. On Earth, the condensate can only be observed for a very short time before it falls to the bottom of the experiment chamber. In space, these condensates can achieve lower temperatures and be observed much longer.

The research area of fundamental physics includes the following themes:
- Space optical/atomic clocks
- Quantum test of equivalence principle
- Cold atom physics
- Critical point phenomena
- Dusty plasmas

Materials Science

The goal of the microgravity materials science program is to improve the understanding of materials properties that will enable the development of higher-performing materials and processes for use both in space and on Earth. The program takes advantage of the unique features of the microgravity environment,

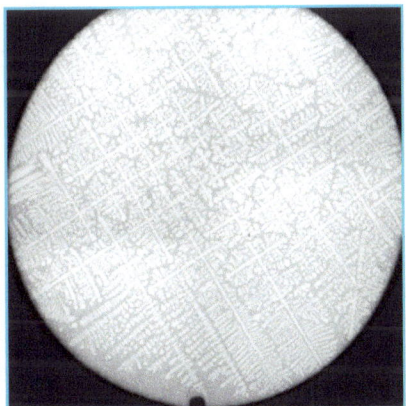 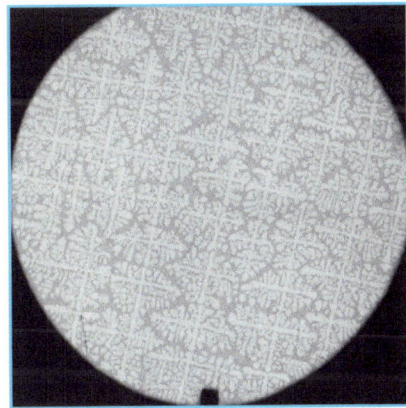

Figure 10. Left: Alloy solidified in 1-g reveals dendrite clustering from gravity-induced convection. Right: Alloy solidified in microgravity reveals a uniform dendrite network that is diffusion controlled, unlike the dendrites on the left where the effect of Earth's gravity induces convective and buoyancy effects. (Image Credit: NASA)

where gravity-driven phenomena such as sedimentation and thermosolutal convection are nearly negligible. Figure 10 shows the microstructure of an aluminum alloy grown on Earth and in microgravity. On Earth, natural convection leads to clustering of dendrites, whereas in microgravity, in the absence of buoyant flow, the dendritic structure is nearly uniform.

Major types of research that can be investigated include solidification effects and the resulting morphology, as well as accurate and precise measurement of thermophysical property data. These data can be used to develop computational models. The ability to predict microstructures accurately is a promising computational tool for advancing materials science and manufacturing. Using open science will create new opportunities to develop materials experiments and will make it easier for researchers in the government, industry, and academia to share information with the scientific community.

The research area of materials science includes the following themes:

- Glasses and ceramics
- Granular materials
- Metals
- Polymers and organics
- Semiconductors

How the PSI System Works

The PSI system contains publicly accessible science data from completed physical science reduced-gravity experiments from the six previously described disciplines: Biophysics, Combustion Science, Complex Fluids, Fluid Physics, Fundamental Physics, and Materials Science. These experiments were conducted on the ISS, Space Shuttle flights, and Free Flyers, or as part of related ground-based studies using drop towers or aircraft. Information from new investigations is added to the PSI system as it becomes available. This information consists of raw and analyzed data, science requirements, experiment design and engineering data (including applicable drawings), analytical or numerical models, publications, reports, patents, and commercial products developed because of the research. In addition to data in a textual or numerical format, for many of these experiments, large portions of both raw and analyzed data include digital images and videos.

The PSI system resides on the Athena software platform. This platform provides the capability for data visualization, advanced search, simultaneous views of multiple panels, interactive plots, ad hoc reporting capabilities, collaboration, and data sharing. The PSI system has multiple avenues for data entry and extraction. Data entry is available through a web interface that supports both single item and bulk data loading.

The PSI system contains a variety of information on the hardware, as well as both raw and analyzed data for each investigation. Links to papers and publications are also included in the database, which can be searched multiple ways. In addition to data search, the PSI system also allows the user to generate reports and send messages to the researcher who generated the data. The PSI system has a vast number of users across universities, industries, NASA and its support contractors, other government agencies and their support contractors, and international agencies as well as industries. To learn about PSI and the specific experiments that are available, navigate to the PSI website at https://psi.nasa.gov. The PSI screens and navigation described in this guide are subject to change as the system is refined over time. For the most current navigation guidance, please refer to the PSI system.

Using the PSI System

This section contains a step-by-step guide on accessing the PSI system and navigating experiment data. When first accessing the PSI website (http://psi.nasa.gov), general navigation is provided through a series of buttons along the top on a horizontal navigation bar, as shown in Figure 11.

Figure 11. PSI website navigation bar.

High-level information about experiments in PSI and information about any new or ongoing events related to NASA Research Announcement (NRA) activities relevant to using PSI are provided on the PSI landing page. The lists of Investigations available in PSI are also provided and organized by research area. To review the lists of experiments where all the available data have been loaded into the system, hover over the Investigations button and then click on the desired research area from the dropdown list. This button is highlighted inside the yellow rectangle in Figure 12.

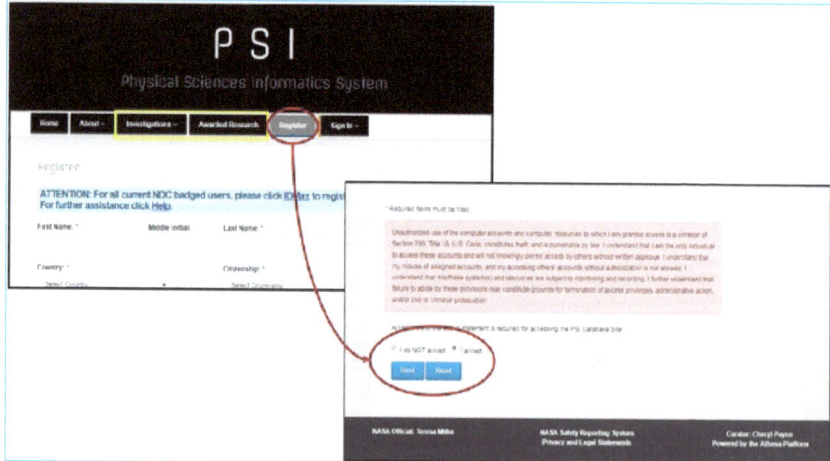

Figure 12. Highlighting Investigations, Awarded Research, and Register buttons on the navigation bar as well as the registration form submission button at the end of the form.

Through a series of NRAs, NASA has awarded research grants for the scientific community to use the data available in PSI and to propose new scientific research. The most current list of PSI-related research grants can be viewed by clicking the Awarded Research button. This button is also highlighted inside the yellow rectangle in Figure 12.

To request access to the PSI system from the PSI website, click on the Register button, fill out the application form, read and accept the usage agreement, and click the Send button to submit the request. The Register button and the Send button on the request form are both highlighted with red ovals in Figure 12. A notification email will be sent to the email address provided in the request form when the account has been provisioned, typically within 24 hours of submission. The email will contain user credentials for accessing the system.

Once the user account has been provided, sign in to PSI from https://psi.nasa.gov by hovering over the Sign In button, select Sign In from the dropdown list as highlighted with a red oval in Figure 13, and sign in to the system with the credentials provided in the account notification email.

Figure 13. Sign In to PSI from the public website https://psi.nasa.gov.

Inside the PSI application, general navigation takes place through a series of buttons along the top on a horizontal navigation bar. The buttons are highlighted with a red rectangle in Figure 14.

Figure 14. PSI system navigation bar.

The buttons on the top navigation provide lists of data in the appropriate category. The lists are sorted alphabetically. Filters can be applied to refine the list being returned. Clicking on the Research Areas button (highlighted with a yellow oval in Figure 14) returns an alphabetical list of the research areas in the RECORD NAME column as well as links to lists of the investigations in that particular research area in the ASSOCIATED CATEGORIES column, as highlighted with a red oval in Figure 15. Throughout the PSI system, items appearing in blue bolded text are clickable. Clicking on one of these items opens a new window, or panel, with the details about that particular item.

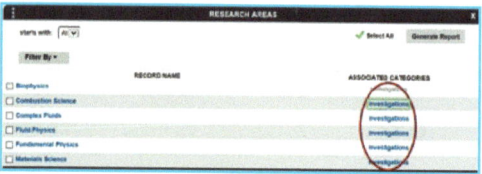

Note: Throughout this guide, the term "panel" is used to describe the PSI screens that are provided in Figures to explain navigating through the system.

Figure 15. Investigation lists organized by research area.

Clicking on one of the Investigations links in the ASSOCIATED CATEGORIES column, as shown in Figure 15, returns a list of alphabetically sorted Investigations in that particular research area. Links to associated categories of data are also available for that investigation. These data categories include experiment data, facilities, researchers, presentations, publications, and reports. This overview panel gives the user one-click access to each of these data categories. For the purpose of this guide, the investigations associated with the Combustion Science research area were selected, as highlighted with a green rectangle in this figure. Clicking on Investigations in the Associated Categories column for Combustion Science opens a new window with the Combustion Science investigations listed in alphabetical order, as shown in Figure 16.

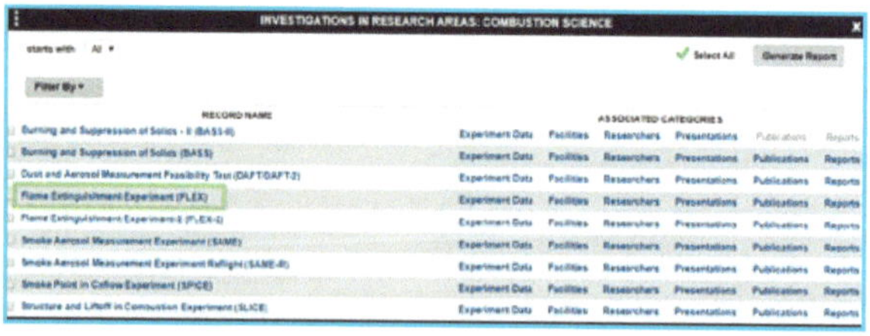

Figure 16. Combustion Science investigations listed alphabetically with links to associated data available in the Associated Categories columns.

Note: For the purpose of this guide, from the list of Combustion Science investigations, the Flame Extinguishment Experiment (FLEX) investigation was selected from the RECORD NAME column, as highlighted with a green rectangle in Figure 16.

> Note: For the remaining figures that feature panels, the header for the panel contains the panel name and the footer contains the data type or category for that particular panel.

In Figure 17, the panel name is Flame Extinguishment Experiment (FLEX) and a footer indicates that the data type is INVESTIGATIONS for this panel. The tabs along the top of the panel, as highlighted with a green rectangle, allow the user to click through the different data sets available in that panel.

- The General tab contains high-level, general information about the investigation, including researchers and points of contact.

- The Overview tab contains specific information about the research that is being conducted as part of the investigation as well as research applications for both Earth and space.

- The Data tab contains scientific data and other investigation information. A data organization document describes how the scientific data are organized in the PSI system, as highlighted with a purple oval. The experiment data are also located on this tab along with any science requirements documentation. The black down arrow, or download icon, on the far right side (highlighted with a red triangle) indicates that the data can be downloaded. Clicking on the arrow will download the data to the local computer.

- The Engineering tab, Pubs & Docs tab, and Comments tab on the Flame Extinguishment Experiment (FLEX) INVESTIGATIONS panel are discussed later in this guide, following in-depth guidance for navigating through an Experiment Data item.

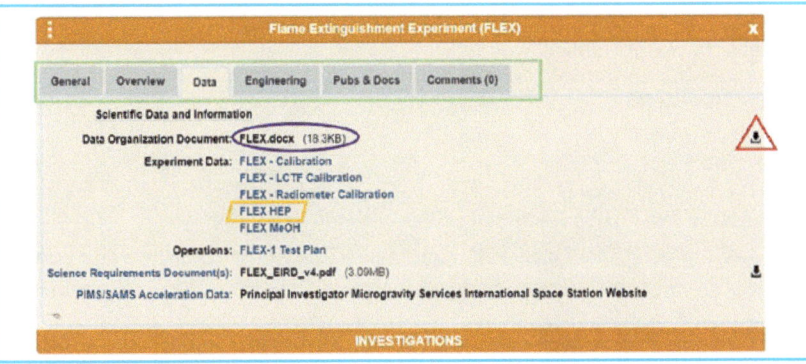

Figure 17. Investigation panel highlighting the different data tabs as well as the ability to download data.

The Experiment Data list contains all the experiment data associated with a particular investigation listed in alphabetical order. Open a new panel by clicking on one of the items in the Experiment Data list. The panel contains specific data and information about that experiment. In this case, FLEX HEP was selected from the Experiment Data listing, as highlighted with an orange parallelogram in Figure 17.

> Note: The FLEX HEP EXPERIMENT DATA panel is used in Figures 18 through 26 to describe navigating through the raw, analyzed, video and image data related to the FLEX HEP experiment for the purpose of this guide.

Tabs across the top of the FLEX HEP EXPERIMENT DATA panel depict the different categories of data that are present on the panel, as shown in Figure 18. The Scientific Data and Information tab (highlighted with a red oval) contains any associated raw and analyzed data, as well as associated videos and images. Notice that the text on tabs may be truncated due to a character limit on the tab itself. The full tab text can be viewed just below the tab, as indicated in this figure. The General tab contains high-level, general information about the experiment. The Comments tab contains an area for users to post comments and/or questions about the experiment.

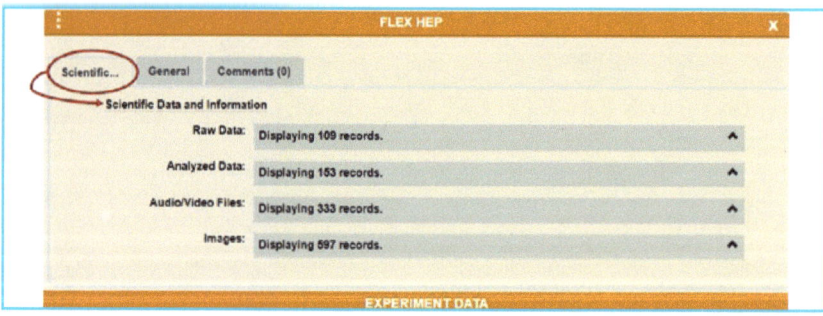

Figure 18. EXPERIMENT DATA panel highlighting the Scientific Data and Information tab.

Expanding the Raw Data list by clicking on the caret (^) on the right side of the list (highlighted with a red oval in Figure 19) and then clicking on any of the items in the list will open yet another panel with experiment specific raw data. In this example, FLEX 023_24_Oct_2009_Hep_196F002 was selected from the FLEX HEP Raw Data list and is highlighted with a green rectangle.

When the FLEX 023_24_Oct_2009_Hep_196F002 RAW & ANALYZED DATA panel opens, the familiar data tab configuration appears across the top of the panel.

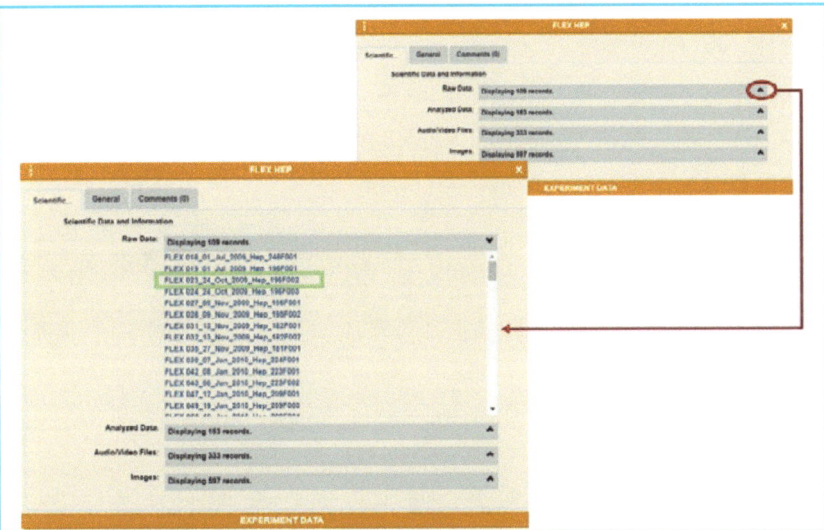

Figure 19. EXPERIMENT DATA panel highlighting the ability to expand the Raw Data list. By clicking on the caret (^), the Raw Data list is expanded to display the entire list with a right side scroll bar.

The General tab contains high-level, general information about the data. The Comments tab contains an area for users to post comments and/or questions about the data. On the Raw Data and Information tab, a list of raw data documents is displayed in the Raw Data list, as shown in Figure 20. When clicked, these items open via default programs available on the local machine. The entire list of raw data documents can also be downloaded to the local computer into a .zip file by clicking the download icon on the far right side of the panel.

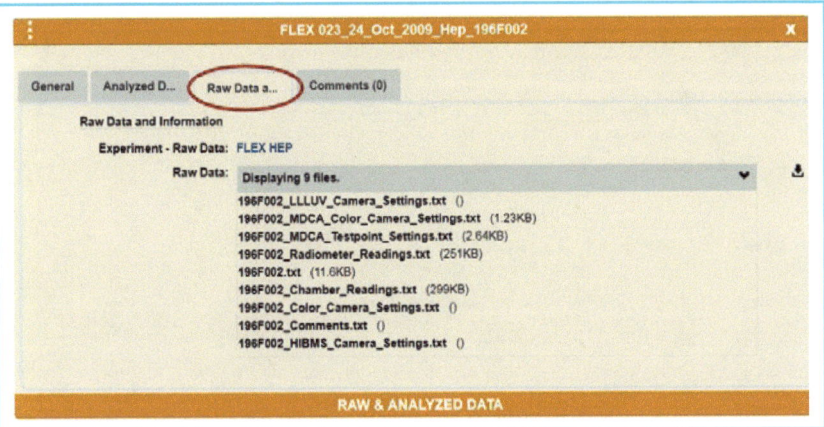

Figure 20. Highlighting the Raw Data and Information tab on a RAW & ANALYZED DATA panel.

25

Continuing with this example, in the FLEX-HEP EXPERIMENT DATA panel, clicking on the caret (^) on the right side of the Analyzed Data list (Figure 21) expands the list of available Analyzed Data.

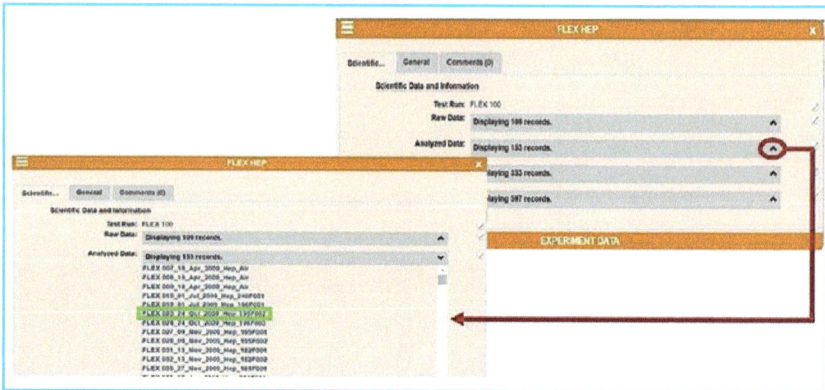

Figure 21. EXPERIMENT DATA panel highlighting the ability to expand the Analyzed Data list. By clicking on the caret (^), the Analyzed Data list is expanded to display the entire list with a right side scroll bar.

When the example FLEX 023_24_Oct_2009_Hep_196F002 RAW & ANALYZED DATA panel opens, the familiar data tab configuration is displayed across the top of the panel, as shown in Figure 22. The General tab contains high-level, general information about the data. The Comments tab contains an area for users to post comments and/or questions about the data. On the Analyzed Data

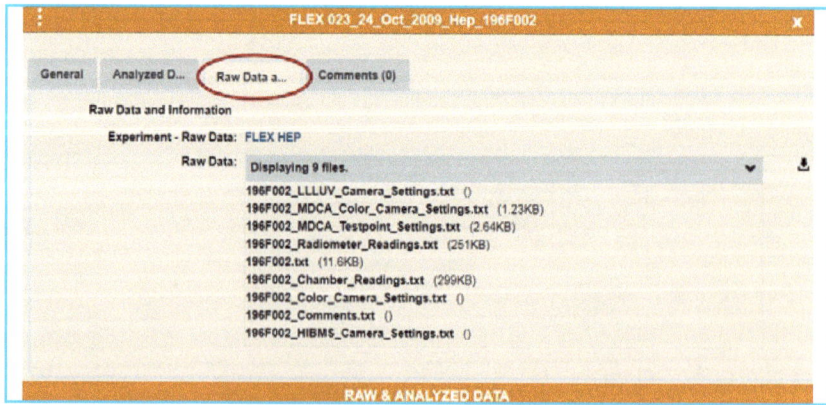

Figure 22. Highlighting the Analyzed Data and Information tab on a RAW & ANALYZED DATA panel.

and Information tab, a list of analyzed data documents is displayed in the Analyzed Data list. These items are clickable and open via default programs available on the local machine when clicked. The entire list of analyzed data documents can also be downloaded to the local computer into a .zip file by clicking the download icon on the far right side of the panel.

Continuing with this example, in the FLEX-HEP EXPERIMENT DATA panel, the list of available Audio/Video Files is expanded by clicking on the caret (^) on the right side of the Audio/Video Files list, as shown in Figure 23. Carbon Dioxide – C021H02A is highlighted with a green rectangle in this figure and is used for describing navigation of the videos and images within FLEX-HEP experiment.

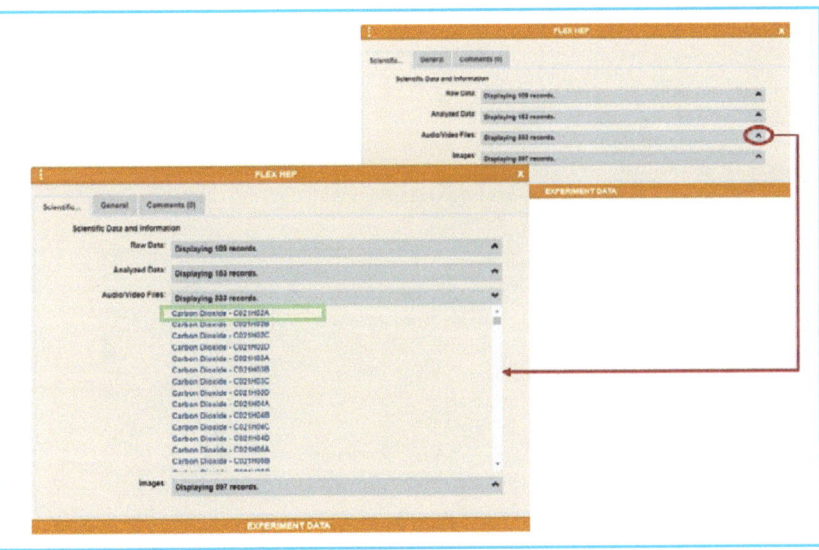

Figure 23. EXPERIMENT DATA panel highlighting the ability to expand Audio/Videos Files list. By clicking on the caret (^), the Audio/Video Files list expands to display the entire list with a right side scroll bar.

Video data is diplayed on the General tab along with high-level, general information about the Video and Images data. The Comments tab contains an area for users to post comments and/or questions about the data. See Figure 24.

Not all browsers support video streaming. Where browser video streaming is supported, the video is displayed on the General tab of the VIDEOS & IMAGES panel with a video control bar beneath the video. To view the video in the browser, click the play icon on the control bar, as highlighted with a yellow pentagon in Figure 24. Individual video files can be downloaded by clicking on the download button on the video control bar, as highlighted with a blue diamond, or via the download link underneath the video window, as highlighted with a green rectangle. If there are multiple videos, a dropdown selection box will appear for selecting which video to play. Multiple videos may be downloaded to a .zip file via the download icon on the far right side.

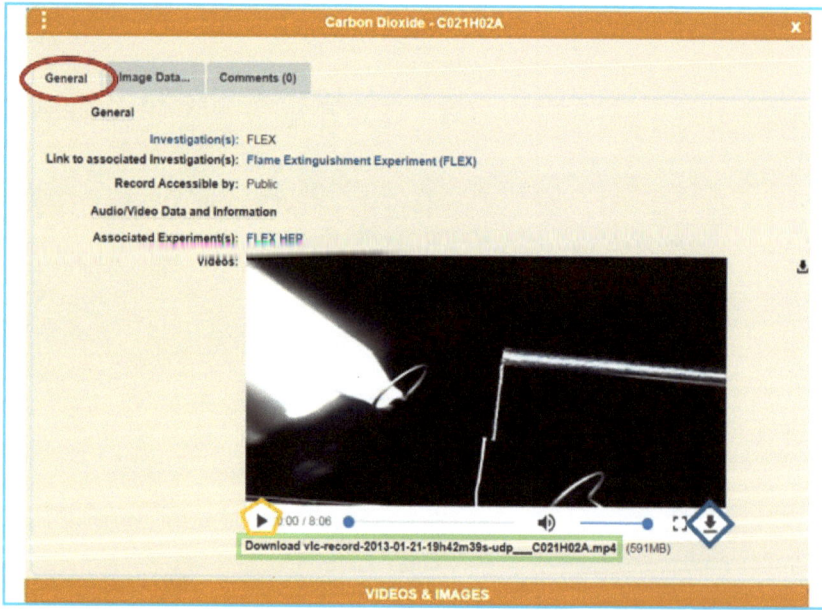

Figure 24. Video files on the General tab of the Carbon Dioxide – C021H02A VIDEOS & IMAGES panel, displaying video streaming in the browser window. The video control bar appears at the bottom of the video window.

Continuing with this example, in the FLEX-HEP EXPERIMENT DATA panel, the list of available Images is expanded by clicking on the caret (^) on the right side of the Images list, as shown in Figure 25.

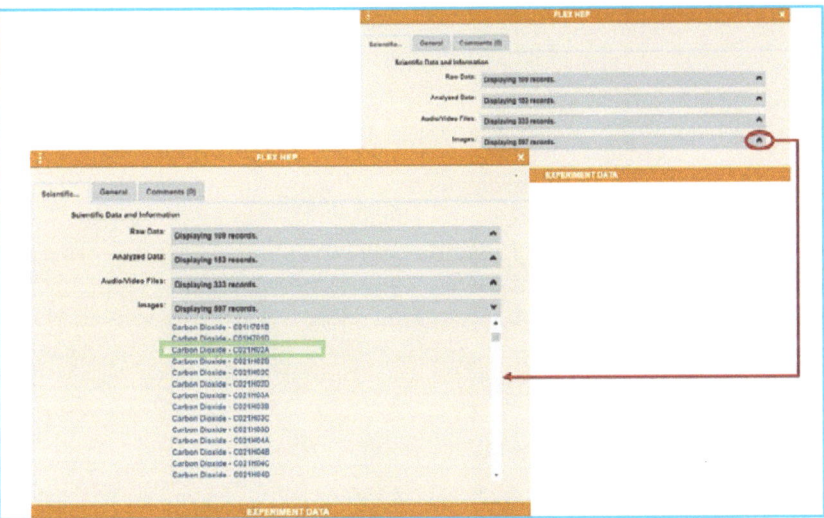

Figure 25. EXPERIMENT DATA panel highlighting the ability to expand the Images list. By clicking on the caret (^), the Images list is expanded to display the entire list with a right side scroll bar.

By clicking on the example Image Data and Information tab, the associated image gallery is displayed on the Carbon Dioxide – C021H02A VIDEOS & IMAGES panel, as shown in Figure 26. Clicking on an individual image opens it in a separate window that allows users to scroll through and zoom in on the image. If the original image files are available, they will appear in the Original Image Files field (highlighted with a green parallelogram), and a .zip file can be downloaded by clicking on the download icon at the far right side of the panel. The Comments tab contains an area for users to post comments and/or questions about the videos and images data.

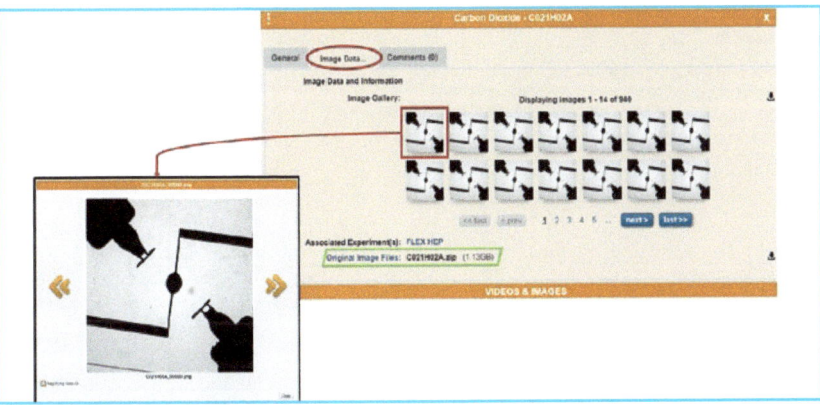

Figure 26. Image gallery on the Image Data and Information tab of the Carbon Dioxide – C021H02A VIDEOS & IMAGES panel, highlighting that images are clickable and can be expanded into an individual window for more detailed viewing. Original high-definition image files may be available for download.

Continuing with the Flame Extinguishment Experiment (FLEX) INVESTIGATIONS panel example, as originally seen in Figure 17, the remaining tabs contain Engineering data, publications and documents (Pubs & Docs), and Comments. The Engineering tab contains engineering documents and drawings. The Pubs & Docs tab contains associated publications, reports, presentations, and resulting products. As with previous navigation, the caret (^) on the right side of the list can be clicked to expand the list of publications associated with an investigation (Figure 27). The Comments tab contains an area for users to post comments and/or questions about the investigation.

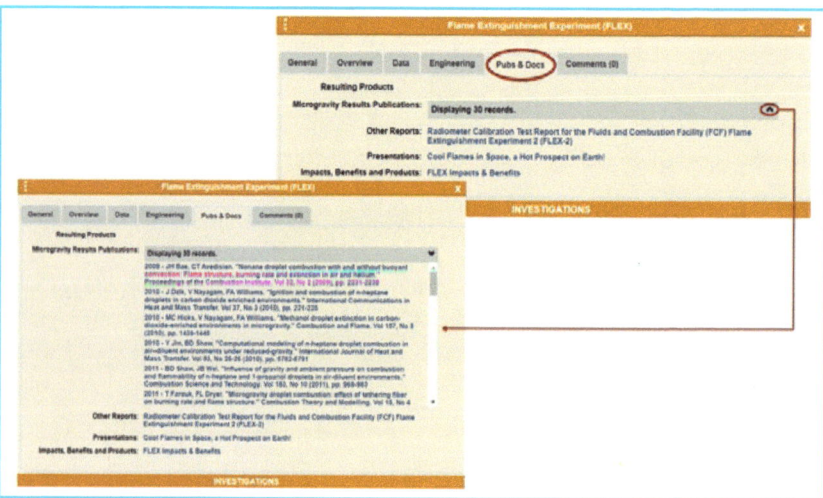

Figure 27. Highlighting the publications listings associated with Flame Extinguishment Experiment (FLEX) INVESTIGATIONS panel. The lists of associated publications can be expanded to reveal a right side scroll bar.

Users requiring assistance may contact the PSI team by using the information provided at https://psi.nasa.gov by hovering over the Sign In button and then clicking on Login Help, as shown in Figure 28. Users may also contact the PSI team by using the information provided within the PSI system on the home page. See Figure 29.

Figure 28. Requesting help from the PSI team. Contact information available at https://psi.nasa.gov.

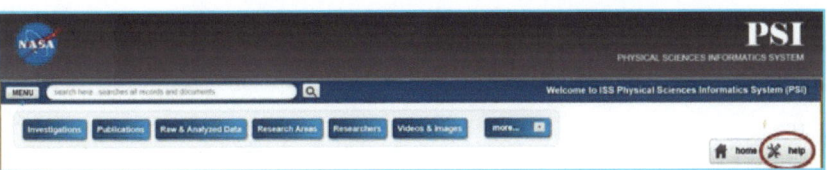

Figure 29. Requesting help from the PSI team. Contact information available within the PSI system on the landing page.

PSI Funding Opportunities

NASA provides funding for researchers to use PSI data through an NRA. The goals of the PSI NRA are to: a) promote rapid, multiple investigations resulting in more scientists participating in reduced-gravity research; b) allow new areas of research and discovery to occur more quickly through open access; and c) accelerate the "research to product or publication" timeline through the rapid sharing of data.

Annual calls for proposals via appendices are planned to be released every September through the NRA process. Each appendix will include details specific to that particular call for proposals, including a list of investigations that are eligible for use in developing a proposal.

The PSI NRA solicits ground-based research proposals that present a compelling case on how the experimental data from the PSI system will be used to promote the advancement of further research. Proposers must show a clear path from the scientific data obtained from the PSI system to the proposed investigation. In addition, the project must address an important problem in the proposed area of research and advance scientific knowledge or technology. Examples of possible investigations that utilize the PSI data include:

- enhancement and verification of numerical and analytical models
- development or enhancement of data analysis or other informatics tools to increase science readiness
- a new ground-based experiment or data analysis to verify phenomena observed in the original investigation
- a new ground-based experiment or data analysis that expands upon the results from the original investigation
- a new ground-based experiment or data analysis that is not directly linked with the science objectives from the original investigation

To view the list of prior selected proposals from the PSI NRA, visit the Awarded Research section of the PSI website at https://psi.nasa.gov/research.html. For information on the availability of funds and duration of awards for each appendix, check the detailed information provided for the PSI NRA on the NASA Solicitation and Proposal Integrated Review and Evaluation System (NSPIRES) website at https://nspires.nasaprs.com. To receive notification of future PSI solicitations, create an NSPIRES account and subscribe to the HEOMD solicitations mailing list as part of your account preferences. To find additional information on past and present research sponsored by the Physical Sciences Research Program, visit Space Life & Physical Sciences Research and Applications Division Task Book at: https://taskbook.nasaprs.com.

Acronyms

3-D	three-dimensional
AES	Advanced Exploration Systems
CASIS	Center for the Advancement of Science In Space
CFE-2	Capillary Flow Experiment - 2
FLEX	Flame Extinguishment Experiment
HEOMD	Human Exploration and Operations Mission Directorate
ICF	Interior Corner Flow
ISS	International Space Station
MICS	Microgravity Investigation of Cement Solidification
NASA	National Aeronautics and Space Administration
NIST	National Institute of Standards and Technology
NRA	NASA Research Announcement
NRC	National Research Council
NSF	National Science Foundation
NSPIRES	NASA Solicitation and Proposal Integrated Review and Evaluation System
PI	Principal Investigator
PSI	Physical Sciences Informatics
SLPSRA	Space Life and Physical Sciences Research and Applications
STMD	Space Technology Mission Directorate
TRL	Technology Readiness Level

www.ingramcontent.com/pod-product-compliance
Lightning Source LLC
Chambersburg PA
CBHW040340220526
45473CB00009B/2747

El SPA de las Ventas

Cuando inicié buscando un "nicho" de mercado lo primero que se me vino a la mente fue Asesores de Seguros y personas en ventas que requieran quitar todos los miedos, creencias y límites que ellos mismos se ponen para vender más. Pensé en el tiempo en el que yo estuve vendiendo seguros y dije: "Si yo hubiera tenido un coach que me apoyara en lograr más y ser mejor persona y vendedor, quizá aún estuviera en la venta de seguros." Y claro fue ahí donde inicié a apoyar a vendedores para incrementar sus resultados. Es de ahí de donde he aprendido de muchos vendedores exitosos a ser mejores pues esto del coaching no es para personas que no quieren lograr algo, yo no soy nadie que pueda inspirar a nadie que no tiene una pasión por lograr algo.

Yo siempre he dicho que el contratar un Coach Personal es para gente exitosa que quiere ser más exitosa, estoy seguro que tú al haber invertido en este libro vas a lograr ser mejor por poco o mucho de lo que aprendas aquí, vas a ser mejor y te vas a ir con motivación, te vas a ir con una meta, te vas a ir diferente, con un aprendizaje muy importante.

Mientras he apoyado a estos vendedores, muchos de estos muy exitosos, he logrado reconocer cuáles son los principales tabúes como vendedor, y gracias a esto he definido puntos importantes para poderte ayudar con el apoyo de muchos de ellos. Han salido éxitos importantes que te voy a compartir durante este libro. Quiero dejar muy claro que esto no es milagroso, esto no es mágico. Hay que actuar para lograrlo. Ahora que definas tu meta tienes que actuar. Siempre he dicho que hay características muy importantes para lograr una meta: Primero, seguridad en ti mismo, si no tienes seguridad en ti mismo no vas a lograr lo que quieres, necesitas confiar en ti, creer en ti, creer que realmente puedes, porque sí puedes. Los vendedores más exitosos no son gente supernatural, no son gente de otro planeta, son gente como tú, que se han enfocado en lograr lo que quieren.

Dos, pasión por lo que quieres lograr: Necesitas que esa meta que vas a definir realmente te apasione, que sea algo que te haga vibrar, que te emocione, que sea un reto importante a lograr para ti, hay que tener pasión. Sin pasión no vas a llegar donde quieres. Necesitamos encontrar los valores que hay detrás de tu meta. Los valores que hay detrás de eso que tú quieres lograr. Yo les pregunto a muchos de mis coachees: Oye ¿para qué quieres lograr eso? Y me responden: Quiero obtener más dinero, claro, y pregunto, ¿Para qué quieres ese dinero? Pues porque me quiero comprar una casa más grande, porque quiero comprarme un carro, ok, ¿Y por qué quieres la casa más grande? Para tener una seguridad, que mi familia esté contenta, para que esté tranquila, ok. ¿Y para qué quieres que tu familia esté así? Y tienes que encontrar esos valores que hay detrás. Puede ser tranquilidad para ti y tu familia, puede ser paz, paz interior, paz para tu familia, puede ser reconocimiento, puede ser realización. ¿Dónde están esos valores que te van a impulsar a inspirar a lograr eso? Es parte de esa pasión.

El SPA de las Ventas

Y tercero, muy importante, que no se nos puede pasar, es la acción. Yo creo totalmente en la ley de la atracción, creo en que, si nosotros pensamos positivo, vamos a lograr cosas positivas. Si a nuestra mente traemos cosas negativas, vamos a atraer cosas negativas, entonces, hay que subirnos a la energía positiva, no a la energía negativa. Hay que gastar energía positiva, hay que actuar, no nos vamos a quedar sentados. Ante un reto, ante una meta, debemos actuar, es necesario definir un plan de acción, definir cómo quieres estar tú. Cómo quieres estar en tres meses, cómo quieres estar en seis meses, o cómo quieres estar en un año para que tu mente se posicione en donde quieres estar y haga todo para lograrlo. Todo lo que esté en tus manos, y vuelvo nuevamente a decir que no hay un plan específico, vaya, no hay un plan general para todos los vendedores, para ser exitoso. Cada quien tiene que hacer un plan y esto te lo digo porque es muy importante que tú hagas tu plan dependiendo de cómo eres tú como persona, qué te gusta, a dónde te gusta ir, qué te gusta hacer. Hay gente que llega con su objetivo de que quiere ver más a su familia; "trabajo mucho". Hay gente que llega y dice, oye, no tengo hobbies. Trabajo mucho, me va muy bien, pero no tengo hobbies. Y hay gente que dice, yo no tengo hobbies porque no tengo dinero. Veo mucho a mi familia, aunque la verdad, que a la oficina voy medio día, pues bueno, yo no estoy en contra de que vayas medio día a la oficina. Tu puedes hacer lo que quieras, sin embargo, primero enfócate y actúa para que realmente ese medio día sea productivo y no solamente de actividad, que no te va a llevar a ningún lado, entonces, vamos a empezar con el tema principal. El tema que va a lograr que tú des pasos importantes y te enfoques en algo específico a lograr, vamos a definir tu meta.

Yo te pregunto, ¿qué es una meta? Piensa, ¿qué es una meta? Para mí una meta es un sueño caminante, así lo defino yo, un sueño que camina, porque todos tenemos sueños. En el momento en el que a ese sueño le ponemos una fecha final, en ese momento se vuelve una meta. Entonces esos sueños que traes en la cabeza, hay que ponerles una fecha. Cuando le pones una fecha ahora sí vamos para adelante, qué plan de acción es necesario hacer para lograr lo que quieres.

Ya no es un sueño, porque ya lo aterrizaste, ahora está caminando hacia su objetivo. Vamos a definir muy bien la meta. En todas partes te hablan de las metas, y cada quien tiene teorías diferentes. Comparto cada una de ellas siempre y cuando la meta sea específica, medible y lograble. ¿Por qué específica? Porque realmente debes saber en qué momento la lograste. Oye Ricardo, yo quiero ser muy bueno, quiero ser muy buen vendedor, quiero lograr esto. Perfecto, ¿cómo te vas a dar cuenta que lo lograste? ¿En qué momento vas a decir, ah, ya soy muy bueno? ¿Después de que vendiste tanto? ¿Después de que hiciste tanto? ¿En qué momento? Por eso debe ser específico y medible, porque debemos medir el progreso. ¿Cómo vas en ese camino? Si no puedes medir, no puedes evaluar si vas bien o no; no puedes corregir. Entonces necesitamos que la meta sea específica y medible.

El SPA de las Ventas

Y el tercer punto, que sea lograble. En cierta forma, que no sea un sueño guajiro, algo que no se pueda lograr. Yo creo fielmente, que cualquier persona que se proponga algo, lo puede y lo va a lograr, cuando sea en tiempo y forma, entonces, tres puntos muy importantes, para definir una meta:

a. Que sea específica, o sea que tenga una fecha o que tenga un momento en el que te das cuenta que ya la lograste.
b. Que sea medible, es decir, que puedas medir tu desempeño
c. Que sea lograble, realista

Y hablando de las metas, quiero comentarte que hay dos tipos de meta. Tenemos la meta final y la meta de desempeño. ¿Cuál es la meta final y cuál es de desempeño? Una meta final es tu objetivo a lograr, te voy a poner un ejemplo. Un corredor de cien metros que quiere lograr la medalla de oro en las olimpiadas, su meta final es lograr la medalla de oro, sin embargo, no depende cien por cien de él. ¿Por qué? Porque si el competidor que va al lado de él corre más rápido, se ganará la medalla de oro, no depende de él si corre más rápido o no, sino de los competidores, eso es una meta final. Si no depende de ti, ¿qué tienes que hacer? ¿En qué te tienes que enfocar? En una meta de desempeño, porque la meta de desempeño sí depende cien por ciento de ti. ¿Qué tiene que hacer este corredor que dependa cien por ciento de él? Muy sencillo, el corredor se debe enfocar en su tiempo. Oye, ¿quieres lograr la medalla de oro? Pues enfócate en correr por debajo del récord mundial ¿Cuánto es el record mundial? Supongamos que son nueve segundos con cincuenta y ocho centésimas (Récord de Usain Bolt), entonces enfócate en correr por debajo de los nueve y cincuenta. Lo más probable es que te lleves la medalla de oro. Sin embargo, sigue estando la posibilidad de que el de al lado corra más rápido que tú. Tenemos que enfocarnos en metas que dependan cien por cien de nosotros. Este corredor va a tener que entrenar día a día para correr por debajo de los nueve y cincuenta, y ese debe ser su objetivo, independientemente de que su meta final sea la medalla de oro.

Cuando nos enfocamos en metas de desempeño, no hay estrés porque depende cien por cien de ti. Si te enfocas en una meta final, siempre existirá el estrés e inseguridad pues no lo puedes controlar. Y lo que no podemos controlar nos produce estrés.

Una meta tiene que ser siempre positiva. ¿A qué me refiero? Tienes que plantearla siempre de manera positiva. No puedes decir, es que no quiero que me suceda esto. Es que quiero vender tanto porque no quiero que me quiten mi casa porque tengo problemas económicos. Claro que no, siempre debes enfocarte en lo que quieres lograr, como cuando quieres hacer una dieta, muchas veces nos planteamos, quiero bajar de peso, quiero perder kilos, quiero perder no sé cuantos kilos, ¿por qué perder?, ¿por qué bajar? Enfócate en lo que quieres lograr, quiero recuperar mi salud, quiero recuperar mi figura, quiero recuperar mi peso ideal... vamos a plantearlo positivo. Quiero tener cinco kilos en salud, quiero

El SPA de las Ventas

tener diez kilos en salud, vámonos enfocándonos en cosas positivas. Yo siempre doy el ejemplo de un equipo de futbol soccer en Monterrey, México, se llama Tigres. Por años, estuvieron peleando el descenso para no bajar de división. Cada año su objetivo era: "queremos evitar el descenso". "Este año, nuestro objetivo es no descender". ¿Qué sucedía? Que año tras año estaban peleando el descenso, estaban enfocando en lo que querían evitar, no se estaban enfocando en lo que querían lograr, ¿Qué sucedió? Llegó un nuevo presidente con un nuevo pensamiento, una nueva forma de pensar, y dijo ¿eh? Yo no quiero pelear el descenso, yo quiero ser campeón. Con la misma plantilla que tenían, al año siguiente quedaron campeones porque se enfocaron realmente en lo que querían, se enfocaron en que su meta fuera positiva.

Por añadidura se dio lo del descenso, ¿qué sucedió? Que después de treinta años que este equipo no era campeón, logró ser campeón.

Vamos a enfocarnos en las cosas que sí queremos lograr y evitar pensar en las cosas que queremos evitar. Tomemos estos ejemplos para que los pongamos en nuestra vida y cambiemos la perspectiva. Hace rato te hablé sobre tres cosas muy importantes para lograr una meta, si no las subrayaste antes, hazlo ahora porque son muy importantes:

a. Primero, seguridad en ti mismo, cree en ti. Confía en ti, cada vez que estés frente al teléfono o estés frente a un prospecto, a un cliente, confía en ti. Tú realmente les estás haciendo un favor a ellos. ¿Por qué? Porque les estás presentando una solución a sus problemas, o un beneficio para ellos. Les estás presentando algo de valor. En el momento que tú pienses que ellos te están haciendo un favor a ti, en ese momento ya perdiste, en ese momento ya estás derrotado, ya no se va a cumplir la primera de las tres cosas importantes para definir una meta. Piensa en positivo, piensa que tú puedes, porque sí puedes. Ninguno de los vendedores exitosos en cada país es superdotado. Ninguno de ellos, todos son personas como tú, que se propusieron una meta, y se enfocaron realmente en lograrlo. Empezaron a hacer las cosas para lograrlo. Sé tú uno de ellos y cree en ti. No hay nada ni nadie que te pueda mover cuando tú estás seguro de lo haces. Confía en lo que haces. Si no crees en ello es algo que le va a beneficiar a tu cliente, mejor no lo ofrezcas, porque no lo vas a poder vender con seguridad.

b. Segundo: Pasión por lo que quieres lograr, tienes que encontrar esa pasión que te va a llevar y te va a impulsar para lograr lo que quieres. ¿Cómo encuentras esa pasión? Enfócate en algo que sea un reto para ti, no te enfoques en algo cerquita, algo alcanzable, algo sencillo para ti.

Hay un dicho que dice, "apúntale a la luna, que aunque no le atines, vas a quedar cerca de las estrellas"; y es muy cierto. Confía en ti, cree que puedes y sí puedes. Encuentra esa pasión que te va a dar un extra, un valor agregado para lograr esa meta y esos retos que te has planteado. Enfócate en ser uno de los mejores. Yo siempre le digo a los clientes que vienen conmigo, si vienes aquí, es para ser mejor, no solamente para ser algo o para hacer las cosas bien, sino para ser más grande. Yo quiero vendedores exitosos, que quieran ser aún más exitosos. Eso es lo que quiero yo de ti como persona en este momento y como vendedor.

Entonces hemos dicho, seguridad en uno mismo, pasión por lo que quieres lograr. Apunta estos tres puntos.

c. Tercero: Acción. Claro que tenemos que actuar enfocados, actuar con una estrategia, con un plan de acción bien definido hacia dónde quieres llegar.

Yo conozco a vendedores muy exitosos que se enfocan solamente en una cosa o actividad, ahí está su foco y les va muy bien. Hay que plantear un plan de acción para que se enfoquen en ser exitosos, porque si tú no te enfocas, y empiezas a tirar para todos lados, lo único que vas a lograr es llegar a ninguna parte. Yo a este ejemplo siempre lo diferencio entre un tiro con una escopeta y un tiro con una carabina. Una escopeta lanza muchas postas a donde pegue, y una carabina es directa, yo quiero dar en este punto, yo quiero dar en este lugar.

Hay que trabajar como si tuviéramos una carabina, directo a donde queremos enfocarnos ¿Ok?

Uno, seguridad, dos, pasión, tres, acción. Ahora vas a definir tu meta. Algo que quiero tocar muy importante, es hablar sobre los retos semanales.

Para lograr una meta, tenemos que tener retos semanales, que son escalones para lograr tu meta final.

Si no vas subiendo escalón por escalón, va a ser muy difícil que de un salto puedas brincar hasta arriba. Entonces, asegúrate con retos semanales. Siéntate para definir qué vas a lograr. ¿Qué quieres lograr esa semana que te haga enfocarte? ¿Qué vas a hacer hoy que te va a acercar uno o dos pasos hacia lo que quieres lograr? Siéntate para definirlo. No vayas por la vida sin que no pasen tus días con mucha actividad. Plantéate retos semanales. Retos importantes y reales para lograr metas reales. También tienes que identificar qué te motiva a lograrlo y lograr la meta que vas a definir en unos momentos. ¿Qué te motiva? ¿Qué te inspira a ti? ¿Es tu familia, es tu pareja, son tus padres, un amigo? ¿Qué te inspira a ti? ¿Qué está detrás de esa meta?

Quieres tranquilidad para ti y tu familia. Quieres paz, realización, sentirte realizado ¿Qué es lo que te inspira? Búscalo, encuentra esa inspiración y ponla en un lugar donde la estés viendo, para que te motive. Si te motiva tu familia, trae a tu familia en una foto, si te motiva estar realizado, trae una foto a tu escritorio o a donde tu estés de cómo te sentirías al sentirte realizado.

Una meta debe ser algo extremadamente apasionante y eso es parte también de esa motivación que cuando la encuentras va a ser que todo sea más sencillo para ti ¿ok? Fíjate cómo puedes encontrar esto, te voy a ayudar un poco.

Uno: Plantéate una meta. Ya que te hayas planteado la meta, ahora sí, ve para atrás y pregúntate, ¿para qué quiero eso? R: Creo que con eso voy a tener una tranquilidad económica ¿Ok?

Escuchamos la palabra tranquilidad ¿Ok? ¿Hacia dónde va esa palabra tranquilidad? ¿Qué es lo que quiero? Lo que quieres es paz, paz interior. Ve de la meta hacia atrás, ¿qué es lo que realmente quieres?

Es un proceso, primero, vamos a definir una meta, siempre, no solamente hoy, es siempre, en todas las cosas de tu vida, enfócate a hacer esto. Define una meta, recuerda muy bien que sea medible específica y lograble. Medible específica y lograble. Medible, específica y lograble, que no se te olvide.

Dos: Tienes que ver cómo está tu realidad, cómo está tu entorno. ¿Qué necesitas para lograr esa meta? Vamos a suponer, oye, tengo una oficina o no tengo una oficina, tengo un asistente, o no tengo un asistente, tengo un celular o no tengo un celular, tengo coche o no tengo coche ¿Qué necesitas? ¿Cómo está tu entorno en ese momento? Para decir, ¿sabes qué? Tengo mi entorno listo para lograr esta meta, y si no, mira que le puedes agregar o qué le puedes quitar a ese entorno para que esté acorde a lo que quieres lograr.

Tres: Ahora, vienen las opciones. Yo siempre a mis coachees les pregunto: ¿Qué opciones tienes que no has considerado?, Yo te pregunto en este momento ¿Qué opciones tienes que aún no has considerado para lograr tu objetivo?

Tú tienes las respuestas, tú sabes lo que tienes que hacer. A veces nos bloqueamos, ya no se me ocurre más, ya no se me ocurre dónde tener mejores prospectos, no se me ocurre cómo levantar mi venta promedio. Hazte las preguntas indicadas, para que se zangolotee tu mente y salgan esas ideas. Sabes exactamente lo que tienes que hacer, solo es cuestión de proponértelo. Hay muchas opciones, hay que encontrar el camino indicado, hacia dónde te vas a ir dependiendo de lo que tú requieras.

Cuatro: Muy importante, la voluntad, tú voluntad. ¿Qué estás dispuesto a hacer para lograrlo? ¿Qué estás dispuesto a dejar de hacer para lograrlo? ¿A qué estás dispuesto para beneficiarte? ¿Qué estás dispuesto a dejar atrás?

Viene mis coachees y me dicen: Quiero lograr esto. Sí, perfecto, ¿Estás dispuesto a darle menos tiempo a tu familia? No. Ah, Ok, ¿y eso va a hacer que les des menos tiempo? Entonces no es una meta a la que debas recurrir. Tienes que modificar tu meta porque no puedes dejar de dedicarle tiempo a tu familia, entonces, tienes que modificar tu meta si es lo que te va a afectar. ¿Qué estás dispuesto a hacer realmente para lograr esa meta? ¿Ok?

Entonces, definir una meta, buscar a tu alrededor tu entorno, ¿Dónde está tu realidad en este momento? Busca opciones y define cuál es tu voluntad para realmente lograr lo que quieres.

Ahora sí, vamos a definir tu meta, una a seis meses, que sea:

- ✓ medible,
- ✓ específica y
- ✓ lograble

Y a esa meta que estás pensando, yo quiero que la vuelvas más grande. Súbele un cincuenta por ciento a eso

El SPA de las Ventas

que se te viene a la cabeza. Muy bien, te voy a dar un minuto para que definas bien tu meta. Que sea medible, específica y lograble de aquí a seis meses. Busca papel y lápiz para escribirla.

El tiempo va corriendo en este momento... Muy bien, felicidades, ya te planteaste una meta. Si ya lo hiciste, felicidades. Si no lo has hecho, no dudes en hacerlo. Probablemente ahora no tienes a la mano papel y lápiz, pero en cuanto estés en un lugar donde puedas obtenerlo, escribe tu meta.

Ya definiste una meta, ahora te pregunto ¿es específica?, ¿es medible?, ¿es lograble? Muy bien, ya tienes una meta a lograr.

Acuérdate muy bien, enfócate en metas de desempeño para que tus acciones vayan en cuestiones de lo que dependa cien por ciento de ti. Ahora, pregúntate: ¿Para qué la quieres lograr? ¿Cuál es la razón por la que quieres lograr esta meta? Te doy treinta segundos para que lo pienses y lo escribas.

Muy bien, ya que definiste tu meta, específica, medible y lograble, y ya definiste para qué la quieres lograr, ahora yo te voy a preguntar: ¿Cómo te va a premiar en seis meses? Define tres premios, sólo tres, pueden ser económicos, pueden ser no económicos, pueden ser lo que quieras, pero que sean tres ¿Ok? ¿Cómo te vas a premiar? Te doy treinta segundos para que lo pienses.

Ya tienes tu meta, ya sabes para qué la quieres lograr, ya sabes cómo te vas a premiar. Son tres partes muy importantes en el proceso. Ahora sí, yo te pregunto: ¿Qué es lo primero que tienes que hacer para lograrlo?

¿Cuál es el primer paso que tienes que dar para lograr esta meta?

Te felicito porque el día de hoy, en este tiempo, acabas de lograr una meta específica, medible y lograble, además, sabes la razón por la cual quieres lograrla. Si la escribiste, te felicito porque has invertido tiempo en ti, estás decidido a enfocarte a lograr algo, porque estás decidido a ser mejor. Yo te felicito porque hoy llegaste hasta el final de este capítulo y definiste una meta. No cualquiera define metas. Aunque tú pienses lo contrario, es increíble como la mayoría de las personas no tienen metas escritas. Y una persona con metas escritas es mucho más productiva.

Mucha gente se va como si fuera en un barco, llevado por la marea y va llegando hacia un lado o hacia el otro, nunca llega hacia donde realmente quiere. Esto no quiere decir que no tengas suerte y te vaya muy bien en la vida. Sin embargo, con metas es mucho más probable que te vaya bien. Tú decidiste hacer de tu vida algo grande, hoy decidiste ir hacia un rumbo, decidiste algo importante.

S

> *"Tienes que creer en ti mismo."*
> —Sun Tzu

LA PRIMERA LETRA de SPA es desde mi punto de vista la primordial para lograr que las otras dos funcionen a la perfección. La "S" representa lo que todo vendedor debe de tener para lograr lo que quiere, para lograr sus sueños y volverlos realidad. Sí, para definir una fecha y convertir esos sueños en metas.

Sin esto, es casi imposible que una persona logre ser un buen vendedor. Es imposible lograr cosas grandes si no se tiene esta característica como vendedor. Y lo más importante es que no es una cualidad que venga desde el nacimiento de la persona. No es una fortaleza nata, no es con lo que uno nace, no es una característica de ciertas personas en específico. Al contrario, es una cualidad que toda persona puede obtener, si trabaja verdaderamente desde su interior para creer en uno mismo.

Quizás tú ya tengas esta característica o la has perdido en el camino por constantes tropiezos, miedos, creencias. Si por alguna razón consideras que eres una persona a quien le falta esta característica, no te preocupes. Ocúpate de esta situación pues podrás obtenerla de diferentes formas.

A lo largo de este libro la he mencionado, y todo lo que digo tiene que ver con dicha cualidad.

La "S" representa la SEGURIDAD en uno mismo, en una misma. Como siempre lo manejo en mis Coachferencias y Seminarios, un vendedor sin seguridad en él mismo no va a lograr nada de lo que se proponga. ¿Por qué? Simplemente porque una persona insegura no es capaz de establecer metas retadoras con la verdadera intención de lograrlas. Una persona insegura no será capaz de enfrentar a cualquier tipo de prospecto. Una persona insegura se dará por vencido desde la primera objeción. Es más, qué digo, desde la primera objeción, desde antes de que te conteste el teléfono el prospecto. Porque una persona con falta de seguridad siempre supone lo peor, incluso antes de enfrentar la realidad.

Tú eres capaz de lograr todo lo que te proponexas, siempre y cuando creas en ti mismo(a) pues, si tú no confías en ti, imagínate cómo van a confiar tus prospectos en ti. Seguramente has escuchado la famosa regla 80/20. Y esta regla aplica para muchas cosas, en este caso la voy a utilizar para darte una idea de la importancia que tiene el creer en ti mismo, sobre las capacidades o cualidades que tengas.

Considero que, para lograr cualquier meta u objetivo en la vida, la proporción con respecto a lo que una persona requiere es la siguiente: 80% psicología y solo el 20% el conocimiento. Y por supuesto que dentro de ese 80% está totalmente la seguridad en uno mismo. No importa qué vas a lograr o qué quieres lograr, si tú crees que puedes, harás que las cosas sucedan. Quizá tendrás que aprender cosas nuevas para lograrlo y lo harás. Sin embargo, por más conocimientos que tengas si tú no crees que puedes, no lo lograrás. Por eso es muy importante la seguridad en las ventas y en la vida.

Entonces si tú consideras que una de las razones por las cuales no has logrado tener éxito en las ventas o en tu vida es la falta de seguridad en ti mismo, haz algo hoy mismo, busca un Coach Certificado, que te apoye a recuperar esa seguridad que en algún momento de tu vida opacaste y dejaste que el miedo y la incertidumbre entraran en tu vida y dominaran tu forma de ser.

> *Las personas que piensan que no son capaces de hacer algo, no lo harán nunca, aunque tengan las aptitudes"*
>
> —Indira Gandhi

¿Cómo administrar mi tiempo para generar más ingresos trabajando menos?

> *"Los que emplean mal su tiempo son los primeros en quejarse de su brevedad".*
> —Jean de la Bruyere

ESTAMOS INICIANDO EL segundo capítulo. Administra tu tiempo para generar más ingresos. Vimos en el capítulo anterior cómo definir una meta, tú mismo definiste una meta y espero que la tengas bien planteada y bien posicionada en tu mente. Dentro de estos capítulos ya has definido tu meta, ya has definido para qué la quieres lograr y ya debes haber definido también cómo te vas a premiar.

En este capítulo vamos a aprender algo muy importante en esta carrera como vendedor: la administración del tiempo es básica. Si tú no sabes enfocar bien tu tiempo, si no logras enfocar realmente tu día a hacer las cosas que te van a llevar a lograr tu objetivo, lo único que vas a estar haciendo es perder tu tiempo. El tiempo es lo único que jamás vas a poder recuperar, podrás perder dinero y ese lo puedes recuperar en algún momento. Sin embargo, el tiempo que ya se perdió ya no lo puedes recuperar. Entonces es esencial que aprovechemos cada segundo, cada minuto del día y no hablo de que para aprovecharlo tengas que trabajar las veinticuatro horas. No, yo digo que hagas lo mejor posible en el tiempo que trabajes, y que ese tiempo lo aproveches al máximo para que realmente seas productivo.

Hablaba en el capítulo anterior que no hay que confundir actividad con productividad. Es muy diferente el estar activo todo el día, tener muchas vueltas, tener mucho que hacer, tener muchas tareas, a realmente enfocarte en las tareas que te van a llevar paso a paso a lograr esos retos semanales y, al final de cuentas, tu meta final. Entonces recuerda, ya definiste tu meta, ahora vas a aprender cómo ser más eficiente, no solamente efectivo. Porque hay que ser efectivos y hacer las cosas, pero también hay que hacerlas bien, hacerlas bien a la primera.

¿Qué es la administración del tiempo? Seguramente, has escuchado muchas definiciones de la administración del tiempo. Yo, todas ellas las acortaría a una: ser eficiente. Cuando tú eres eficiente quiere decir que estás haciendo las cosas bien. Recuerda que ya que has definido tu meta, que ya tienes bien planteado tu objetivo, ahora tienes que definir qué debes hacer para llegar. Cuáles son los pasos para llegar a ese objetivo. En un momento más te voy a dar nueve tips de cómo administrar mejor tu tiempo y verás uno a uno para que

El Spa de las Ventas

lo puedas aplicar en tu vida diaria. Para que lo puedas aplicar como vendedor o como un buen empresario. Y así te enfoques en lo importante. Lo que te va a llevar a tus objetivos. ¿Cómo funciona la administración del tiempo? Existen varias teorías para administrar tu tiempo. No creo que haya una fórmula mágica para administrar bien tu negocio. Cada uno de nosotros tenemos que enfocarnos en nuestras metas y en nuestras actividades diarias. Cada persona es diferente, cada vida es diferente. Todos tenemos situaciones complicadas en la casa o todos tenemos situaciones que tenemos que atender en lo personal y en lo profesional. Entonces no puede haber algo específico que funcione para todos. Yo aquí te voy a dar nueve tips. Con estos nueve tips tú debes tomar los que más te funcionen e integrarlos en tu vida diaria para que puedas llegar a lo que quieres. Yo trabajo mucho por bloques de tiempo. Yo tengo sesión tras sesión, muchas veces algunos vendedores me dicen: "es que yo no puedo administrar mi tiempo". Hay muchas creencias sobre eso "¿por qué no puedes administrar tu tiempo?", les pregunto. "Lo que pasa es que yo hago una llamada y me adapto a cuando me diga el prospecto o cliente."

¿Por qué no decidir tú cuándo quieres que sea esa cita? Todas las técnicas de venta te dicen: Dale dos opciones. ¿Cuándo puedes? ¿El lunes a las diez de la mañana o el martes a las cuatro de la tarde? Seguramente se va a ir por una de las dos. Y si no puede bueno, dile, tengo esta otra opción, el miércoles a tal hora que tu decidas. Pero guíalo tú, tú tienes que guiar esa llamada y con base a eso tú puedes administrar tu tiempo, administrar tu calendario. Te voy a decir cómo empecé yo.

Cuando yo inicié en esto de dar sesiones de coaching, lo hacía mientras trabajaba para una empresa. Y siempre que hablaba con un prospecto o cliente les decía que solo me quedaban disponible ciertas horas ya por la noche. Y le decía: tengo oportunidad de recibirte el lunes a las ocho de la noche o el martes a las siete de la tarde. Eran los únicos momentos en que podía, nunca le daba opción de la mañana. Y ninguno de ellos tuvo inconveniente, siempre usábamos opciones que se adaptaran. Cuando me decían, oye, ¿no puedes más temprano? ¿En la mañana? Estoy lleno. En este momento no puedo. Y siempre daba otra opción también en la noche.

Entonces, cuando vienen vendedores y me dicen: "Oye, pues depende cuando pueda, o cuando quiera el cliente". Les digo que todo depende de lo que ellos quieran. Todo depende de lo que tú estés dispuesto a hacer de tu vida y de tu agenda. El cliente no es el dueño de tu agenda, el dueño de tu agenda eres tú. El cliente es parte de tu agenda. Tú tienes que enfocarlo para que se decida en las opciones que tú quieres, y es por esto que quiero ofrecerte estos 9 tips para ser más productivo.

1) Evita distracciones. Todo tipo de distracciones. Durante el día uno de los más importantes distractores son el celular, el correo y las redes sociales. Cuánto tiempo pierdes en redes sociales, viendo que si fulanito se fue de viaje, viendo que si fulanito llegó al aeropuerto, viendo que fulanita... estás perdiendo tiempo en las redes sociales, a menos que las redes sociales sean parte

El SPA de las Ventas

de tu estrategia también para alcanzar tu negocio. Ahí sí es tiempo efectivo. No pierdas tiempo en cosas banales, no pierdas tiempo en llamadas que te van a quitar horas de productividad o minutos de productividad. Cuando llegue alguien a tu oficina, cuando tú estás haciendo algo importante dile que tienes un minuto. Aprende a decir que no. Aprende a decir que no porque te importa tu tiempo, porque te importa tu productividad. Si tienes puerta en tu oficina, cierra la puerta, pon un cartel. Puedes utilizar un semáforo. Rojo, nadie puede entrar, amarillo si es importante y verde estoy libre. Pero evita distracciones cuando estés enfocado en hacer tus llamadas para obtener citas, cuando estés enfocado en hacer un plan para tu cliente o tu prospecto. Cuando estés enfocando en cosas productivas, evita distracciones. Pon el celular a un lado o dáselo a tu asistente y si no tienes asistente busca la forma de que te dejen un recado. No pierdas tiempo en esa llamada porque no solamente pierdes ese minuto de la llamada. No, vas a perder por lo menos cinco minutos pues es el tiempo en lo que tardas en reenfocarte en lo que estabas haciendo y en lo que vuelves a agarrar la onda. Como ya entró la llamada, pierdes esos cinco minutos y luego, pues, bueno, déjame ir al baño o déjame hacer esto, u el otro. Y ya perdiste lo que estabas haciendo y en lo que estabas concentrado y eso es tiempo perdido. Entonces evita cien por ciento todas las distracciones al máximo, todo tipo de distracciones y el principal distractor es tu teléfono, no pierdas el tiempo. En este momento decide hacer un mensaje claro y conciso para las personas que te llaman a tu celular. Que ese mensaje sea muy claro (en este momento no te puedo contestar, pero me interesa tu llamada, por favor deja tu nombre, el asunto por el que me estás llamando y tu teléfono y con mucho gusto, cuando tenga oportunidad, me reporto contigo). ¿Cuántos de nosotros no tenemos ni siquiera una contestadora en nuestro celular? No queremos que se nos pase nada y queremos estar pendiente en todo momento de esas llamadas, pero bueno, hay que buscar la forma de evitar ese principal distractor. Entonces, evita todas las distracciones, sobre todo cuando estás haciendo algo importante, cuando requieres de toda tu atención. Porque de esa forma te vas a enfocar, vas a ser más productivo.

2) Define las actividades más importantes. Hay dos teorías, hay personas que te dicen que hay que definir lo que vas a hacer en tu día un día antes, vaya, hoy en la noche defines lo que vas a hacer al día siguiente y mañana en la noche defines lo que vas a hacer pasado mañana. Y dicen que de cierta forma tu mente descansa cuando ya tienes claro lo que vas a hacer al día siguiente. Y hay otras personas que no, que difieren de eso, que dicen, lo mejor, lo ideal es administrar tu día en la mañana y hacer un plan de tu día, de las actividades que te van a llevar paso a paso para lograr tus metas. Entonces, independientemente de cualquiera de las dos que se adapte a ti, ya sea al final de un día programar el día siguiente o al inicio del día programar ese mismo día una de las dos. Es importantísimo que sí planees tu día. ¿Cómo vas a administrar ese día? ¿Cómo vas a realizar esa administración de tu día para que realmente te enfoques en lo importante? Muy bien, aquí va como te recomiendo hacerlo. Primero, escribe todas las actividades que tengas que hacer durante ese día o el día siguiente. Ya que tengas escritas todas las actividades, a un lado de cada una márcalas con una A o una B o una C o una D o una E. De la A a la E. ¿Qué vas a marcar con la A? Las cosas que son necesarias hacer o de lo contrario habrá consecuencias. ¿Qué deberás marcar con la B? Es todo lo que deberías hacer o pudieras tener consecuencias. ¿Qué es lo que vas a marcar con C? Lo que sería bueno hacer, aunque si no lo hago no habrá ninguna consecuencia. Con D lo que vas a delegar. Todo lo que puedes delegar. Y con una E todo lo que vas a eliminar. Todo lo que no tiene una razón de ser, lo que solamente te va a quitar tiempo, esfuerzo, lo que no te va a producir. Entonces el formato de A, B, C, D, E, es muy importante. Enfócate en los A. Tienes que definir tu día y entre más A y B hagas vas a ser y a sentirte mucho más productivo. Tu vida se va a llenar de actividades importantes. Se va a llenar de la actividad que te va a llevar a lograr tus retos semanales. Y al final de cuentas tú meta final. Enfócate en esas A's, que son necesario hacer, o si no, habrá consecuencias. Si no haces llamadas no vas a tener citas. Entonces es primordial, dependiendo de tus metas, objetivos y retos semanales. Y la B significa que deberías hacerlo o pudiera tener consecuencias, estas dos letras son las más importantes.

Si durante tu día te enfocas en hacer las actividades marcadas con A y con B vas a tener unos resultados impresionantes, te lo aseguro. Haz la prueba, en los próximos quince días. Te reto a que hagas la prueba y que todos los días planees el día. Todos los días haz y define: A, B, C, D, E. Define las prioridades y enfócate en las A. Te vas a dar cuenta que en alrededor de quince días vas a tener lo que tú quieres y habrás logrado las metas que requieras lograr. Entiendo que hay muchas personas que aún no tienen un asistente o alguien que les apoye, yo les puedo decir que es importantísimo tener a alguien. Probablemente vas empezando tu negocio y no tengas el capital o los ingresos aún para contratar a alguien que te apoye, pero en el momento que puedas hacerlo, hazlo, no lo dudes. Tus ventas se van a ir al cielo, ¿por qué? Porque vas a poder enfocarte en lo importante, te vas a poder olvidar de llenar formatos, de llenar formularios, vaya, te vas a enfocar en lo que te produce, la venta, te vas a enfocar en tus clientes, te vas a enfocar en lo que te va a llevar a tu meta. Todas las personas, todos los vendedores deben tener un asistente, que te quede muy claro. Si en este momento no lo puedes hacer, cuando puedas, hazlo, no esperes a que te vaya muy bien para hacerlo porque entonces ese momento no va a llegar. Necesitas a alguien que se enfoque en lo que no te produce. Alguien que se enfoque y esté dedicado cien por cien a las cosas que no te producen en el día a día. Un vendedor una vez me dijo que para él era lo mismo estar en la oficina o estar dormido en su casa. El estar en la oficina no le produce absolutamente nada. Estar haciendo cosas administrativas no le produce absolutamente nada. Lo que tiene que estar haciendo es estar afuera, estar con los clientes, visitando clientes, visitando prospectos, no solamente para hacer ventas. En desayunos, en comidas, en hobbies, jugando, a lo que quieras, pero haciendo algo para estar enfrente de personas, conociendo gente nueva que te presente gente nueva. Hay que hacer relaciones, las relaciones son muy importantes en este negocio. Sí, te debes enfocar en eso, pues es parte de la productividad de tu día y de tu semana. El estar enfrente de personas, ya sea vendiendo, ya sea cerrando, ya sea presentando tu producto o servicio, ya sea comiendo, ya sea hablando, haciendo lo que sea, pero estar enfrente de personas. Nada más que para estar enfrente de personas necesitas a alguien que te apoye con lo administrativo. En el momento que puedas, hazlo, eso te va a disparar tus ventas.

3) Seguramente has escuchado sobre la regla del ochenta-veinte, la famosa regla que te dice, haz el veinte por ciento de las cosas que te van a producir el ochenta por ciento de los buenos resultados. Enfócate en ese por ciento. Tienes diez actividades en el día y te enfocas en las dos más importantes que te van a generar ingresos y si cada día te enfocas en las dos que te van a generar ingresos, ¿qué estás haciendo?, estás utilizando la regla del ochenta-veinte y eso te va a producir buenos resultados. Al igual que los clientes, enfócate en el veinte por ciento de los clientes que te dan el ochenta por ciento de tus ingresos, a esos sí ponle más atención. Esos son los que te van a llevar clientes más importantes. Un vendedor una vez me dijo, los Marlins te llevan a Marlins, entonces si tú estás con un cliente importante que te produce una cantidad importante de ingresos, pues enfócate en él. Ese cliente te va a llevar a otros clientes como él, que te van a dar ingresos parecidos o similares. Enfócate en el veinte por ciento de tu cartera la cual te produce el ochenta por ciento de tus ingresos. No quiero decir que descuides a tu otro ochenta por ciento, para nada, siempre hay que darles un buen servicio, una buena atención. Yo te recomiendo que siempre les hables a todos en su cumpleaños, que les tengas una buena atención, en Navidad o en fechas importantes. Hay que estar ahí, hay que estar ahí con el veinte por ciento y con el ochenta por ciento. Entonces la regla ochenta-veinte, aplícala.

4) Haz primero lo que menos te gusta. Normalmente llega el día y hacemos lo más sencillo y dejamos lo que no nos gusta, esa llamada que tenemos que hacer a alguien importante para ofrecer un producto o esa actividad que nos va a producir buenos ingresos pero que no nos gusta, eso siempre, lo dejamos al final. Pero ¿qué va a suceder? Que durante todo el día vas a tener tu mente enfocada y preocupada por esa actividad y te va a estar afectando y no vas a ser productivo. Bryan Trace, le llama a esto, "Trágate ese sapo", y es hacer básicamente lo que menos te gusta en el día, hacerlo al principio, y te va a liberar la mente, te vas a liberar de preocupaciones, y ahora sí, enfócate en lo que te gusta hacer. No pierdas tiempo y lo primero que hagas en el día, de las primeras actividades es hacer lo que menos te gusta.

5) Evita que lo primero en la mañana que hagas sea revisar tu correo. Normalmente la mayoría de la

El SPA de las Ventas

gente llega a su oficina y lo primero que hace es revisar el correo.

En un curso, una persona, comentó que revisar el correo es atender la agenda de otras personas, y es totalmente cierto. Respondiendo a las necesidades de otras personas. Y esto quiere decir que estás empezando tu día respondiendo a las necesidades de otras personas, y no tus cosas personales. Lo primero que te recomiendo hacer por la mañana es administrar tu día, enfocarte en qué vas a hacer hoy pero no en administrar la agenda de otros. No llegues en la mañana a resolver los mails, ya perdiste ese tiempo, ya no pudiste enfocar tu día a las cosas importantes. Y administrar tu día y enfocarlo en las actividades que te van a generar valor. Por favor recuerda, evita que revisar correo sea lo primero que hagas en el día.

6) Define dos bloques de tiempo. Dos bloques de tiempo para revisar y responder tus correos. ¿Por qué? Efectuar esta acción constantemente es uno de los principales distractores que ocasionan una gran pérdida de tiempo. El estar revisando a cada rato el correo y ahí estamos poniéndole "refresh" al correo para ver si nos llegó algo nuevo. No, eso es un distractor muy común. Yo te sugiero que hagas dos bloques de tiempo durante el día, a las diez de la mañana, o a las once de la mañana, no sé, bloques de treinta minutos a una hora, en la mañana y en la tarde para que resuelvas todas las situaciones de los correos. Lo mismo aplica con los pendientes de tus asistentes o los pendientes que tengas en la oficina. Define una hora en el día para revisar esos pendientes que revisas durante el día, pídele a tu equipo que no te moleste durante todo el día porque tú estás produciendo. Que ellos se dediquen a administrar y tú te dediques a producir. Al día siguiente ve los pendientes que no se vieron en tu junta de ese día, pero dedícale esa hora todos los días a tu gente y que si te van a hablar o te van a interrumpir por algo que sea algo muy importante. Y si puede esperar, que espere al día siguiente. Entonces define bloques de tiempo, bloques de tiempo para atender a tu equipo y que tú te puedas dedicar el resto del día a producir, bloques de tiempo para revisar correos, para que te enfoques y lo hagas eficiente. Es muy sencillo, en el caso del correo, hay tres opciones... o lo borras o lo respondes o lo archivas, nada más que hay que tomar la decisión en ese momento. No los dejes ahí, es impresionante ver en negritas la cantidad de correos que hay pendientes y sin leer que te hará sentir improductivo, esto hace que sientas como si te faltara hacer algo, o resolver algo, entonces resuélvelo ya. Resuélvelo en esos bloques de tiempo. No te digo que no aproveches la tecnología que si estás esperando a un cliente en una silla, o esperando en algún lugar, o esperando en un restaurante, que no aproveches el beneficio de la tecnología con los teléfonos, con todo lo que tenemos ahora para revisar esos correos, no te digo que no lo hagas. Hazlo. Ahí estás siendo productivo. Pero si estás en la oficina no estés revisando en cada momento los correos, enfócate en sí hacer lo que es productivo. ¿Ok? Entonces, definir dos bloques de tiempo y definir media hora o una hora para revisar todos los pendientes con tu equipo de trabajo.

7) Estructurar tus metas correctamente. Si no tienes estructurada tu meta, si no sabes qué hacer, qué quieres lograr, no vas a saber qué tienes que hacer día a día para llegar allá. Entonces, define bien tus metas, estructura tus metas para que todo lo que hagas durante tu día sea enfocado hacia esa meta. ¿Ok? Hay que definir muy bien la meta.

8) De forma muy parecida, hay que manejar bloques de tiempo. Bloques de tiempo para hacer llamadas, bloques de tiempo para tus citas, bloques de tiempo, como ya lo comentamos, para revisar correos, y que te enfoques en hacer eso que tu definiste para que lo hagas bien. Define bloques de tiempo.

9) Recuerda, ya lo platicamos, la agenda la llevas tú, no tus clientes. La agenda la llevas tú. Dirige cada una de las llamadas, dirígela hacia donde tú quieras. Sí se puede, conozco a muchos vendedores que lo hacen y yo personalmente lo he comprobado, me funciona. Te va a funcionar a ti, dirige las llamadas, no tengas miedo de dirigirlas y no permitas decirle al cliente cuando tú quieras... ¿Qué significa eso? Pues que el cliente va a pensar que no tienes nada que hacer, que eres su único cliente, que eres muy importante para él y lo que tú tienes que hacer ver al cliente también es que eres una persona ocupada, eres una persona exitosa, que tienes mucha actividad también y que tienes otros clientes y que él es muy importante. Sin embargo, tu tiempo, no depende de él. La agenda la manejas tú, no la manejan tus clientes. Haz la prueba, te va a funcionar. Darle dos opciones, si no puede esas dos opciones ábrete un poquito y dile, bueno, ¿cuándo sería mejor para ti? A lo mejor te da una fecha que sí puedes, pero de entrada dale dos opciones. Dile yo puedo este día y este día, a esta hora o a esta otra, ¿cuál se te hace mejor? Al final de cuentas él va a pensar que él decidió. ¿Por qué? Porque él va a decidir cuál de las dos. Le estás dando la oportunidad de que decida.

Entonces aquí tenemos nueve tips que te van a ayudar a ser más efectivo y eficiente. Evita distracciones. Define las actividades más importantes con un A, B, C, D, E y enfócate en hacer las A´s. Utiliza la regla del ochenta-veinte, el veinte por ciento de las actividades que te producen el ochenta por ciento de tus buenos resultados. Haz primero lo que menos te gusta. Evita revisar los correos a primera hora del día. Define dos bloques de tiempo para revisar tus correos. Siete, estructura correctamente tus metas para que sepas hacia dónde vas, cuáles van a ser las actividades diarias para lograrlo. Maneja bloques de tiempo en tu calendario, ya sea para hacer llamadas, como citas, para cuestiones familiares, etc... Define bloques de tiempo. La agenda la llevas tú, no tu cliente, sino tú.

> *"Aprovechad el tiempo que vuela tan aprisa; el orden os enseñará a ganar tiempo".*
> — Johann W. Goethe

El SPA de las Ventas

Vamos a hablar un poquito ahora sobre el cuadrante de la productividad. Probablemente muchos de ustedes ya lo habían escuchado, pero quiero mencionarlo porque es relevante en la administración del tiempo.

Existe un cuadrante que en su lado superior izquierdo están las actividades importantes y urgentes. Existe en el cuadrante del lado superior derecho que son las cosas importantes y no urgentes, el cuadrante del lado inferior izquierdo son las cosas urgentes y no importantes, en el cuadrante inferior derecho son las cosas no importantes y no urgentes. Entre más estemos enfocados en lograr las cosas del cuadrante superior derecho o sea las cosas importantes no urgentes ahí es cuando vamos a ser más productivos. Ahí es cuando vamos a hacer que nuestra carrera se dispare. Ahí es cuando vas a ser y vas a lograr ser un vendedor de éxito. Las actividades importantes y urgentes las vas a hacer independientemente de lo que sea, las vas a hacer porque son urgentes. Las que no hacemos son las importantes no urgentes, usualmente ahí lo dejas y no haces nada, ahí lo dejas para mañana, o para otro día y ya te volviste improductivo. Todas las actividades que son urgentes y no son importantes son las que puedes delegar. Esas actividades las puedes delegar probablemente al cien por cien. Y obviamente si nos vamos al último cuadrante, al cuadrante inferior derecho que son las actividades no urgentes y no importantes, esas, quítalas, quítalas de tu actividad diaria, no las hagas. No hay razón para hacerlas porque no son ni urgentes ni importantes.

Yo te recomiendo que te enfoques en las cosas que sí son importantes y que no son urgentes. En esas llamadas, ¿cuántas veces no dejamos esa llamada para el final? ¿Cuántas veces no dijimos quiero hablar con fulanito, que es un buen prospecto, pero le voy a hablar mañana? Enfócate en lo importante. Enfócate en las cosas que van a hacer crecer tu negocio. ¿Qué es importante y no es urgente? Vamos a suponer, trabajar en una página de internet para tu negocio, eso es importante y no urgente. No pasa nada si no la tienes, pero sí te levanta mucho en imagen sí la tienes. Enfócate en esas cosas, en las cosas que te van a generar más. Enfócate en crecer tu negocio. El cuadrante superior derecho habla de crecer tu negocio, hacerlo más eficiente. Cosas importantes no urgentes, conseguir nuevos prospectos, no son urgentes, no pasa nada si no los consigues a menos que sí te preocupe no lograr tu meta. Enfócate en eso. El cuadrante de la productividad es muy importante. Ahora vamos a llegar al punto de los retos que me gusta mucho. Ya vimos nueve tips que te pueden ayudar si los utilizas bien, te van a hacer más eficiente. Ahora vamos a llegar al punto de los retos. Yo te reto a que lleves a cabo estos nueve tips durante el próximo mes. Llévalo a cabo paso a paso y te vas a llevar una sorpresa. Te vas a dar cuenta de los resultados que vas a obtener al hacer las cosas que te van a llevar a tu objetivo. Ya apuntaste bien los nueve tips, evita distracciones, define la actividad más importante del día, A, B, C, D, E. Utiliza la regla del ochenta-veinte. Primero lo que menos te gusta. Evita que lo primero que hagas en el día sea revisar los correos. Define bloques para revisar los correos. Estructura correctamente tus metas. Maneja bloques de tiempo en todo tu calendario. Y recuerda que la agenda la llevas tú.

Vamos a hacer un ejercicio, te voy a pedir que en este momento hagas una lista de todas las prioridades en tu negocio como vendedor. Todas, haz toda la lista. No le pongas prioridades en este momento, pero haz la lista. Todas las cosas que son importantes.

Te voy a dar dos minutos para que lo escribas.

Ya hiciste esa lista de las cosas más importantes de tu negocio como vendedor. Ahora te voy a pedir que las enumeres. Enuméralas en orden de importancia. Te doy treinta segundos.

Muy bien, ya tienes ahora lo que debes hacer a partir de que termines este libro. Ya sabes perfectamente qué debes hacer, tú lo sabías desde antes, pero esas cosas más importantes son en las que tú debes enfocarte a trabajar día a día, semana con semana, eso te va a llevar al éxito y eso va a hacer que logres ser un vendedor exitoso. Enfócate en lo que sí te va a hacer productivo. Olvídate de las actividades y enfócate en la productividad.

Espero que estos nueve tips te hayan sido de utilidad y te sirvan para tu negocio. Recuerda también el cuadrante, el cuadrante es muy importante.

> *"No es el tiempo el que nos falta. Somos nosotros quienes le faltamos a él".*
>
> — Paul Claudel

¿Cuáles son los 8 pasos para aumentar mis ventas?

> *"En la preparación para la batalla he encontrado que los planes son inútiles, pero la planificación indispensable".*
> —Dwight D. Eisenhower

¿YA DEFINISTE TU meta? Ya hablamos un poquito en los capítulos anteriores de cómo administrar tu tiempo. En este capítulo vamos a ver el proceso de la venta. Ya definiste tu meta. Ya viste cómo puedes administrar mejor tu tiempo para ser eficiente y que no confundas actividad con productividad. Tu meta debió ser definida de forma específica, medible y lograble.

Discúlpame si repito mucho algunas frases, algunas palabras como el caso de la meta, medible, específica y lograble. Pero la intención es que recuerdes esas palabras, y se te queden bien clavadas en tu mente para que tus metas estén siempre bien establecidas. Dicen que para que una persona recuerde un concepto hay que repetirlo más de siete veces, entonces esa es la razón por lo que las repito mucho y en varias ocasiones, a lo largo de este libro.

Hablando del proceso de la venta... todo vendedor tendrá su proceso específico. Yo aquí te voy a dar ocho pasos importantes que en mi experiencia apoyando a diferentes vendedores son los principales en un proceso de ventas. Son los ideales para que puedas tú lograr iniciar un negocio nuevo con un cliente. A unos les funciona cierta forma de trabajar, a otros les funciona diferente, algunos tienen con una cita para cerrar un nuevo negocio, incluso otros se tardan tres o cuatro citas, y puede ser en el lapso de una semana o pueden ser en el lapso de seis meses o más, dependiendo del prospecto. Estos ocho pasos, son los que he encontrado más importantes con base a lo que he aprendido de vendedores exitosos. Y en cada uno de ellos te voy a hablar un poquito sobre qué creo te puede servir:

1. Primero -y muy importante- es la prospección.
    a. Necesitamos saber a quién le vamos a hablar desde un principio.
2. Segundo paso, es la llamada.
3. Tercer paso, preparación.
4. Cuarto paso, la primera cita, cita inicial.
5. Quinto, la segunda cita.
6. Sexto, es el famoso cierre (A mí me gusta llamarlo Apertura de un nuevo negocio).
    a. El cierre puede venir dentro de la primera cita o la segunda cita.
7. Séptimo paso, obtener referidos.
    a. Es importantísimo, ahí está tu negocio, ahí está el crecimiento de tu negocio.

8. Octavo paso, imprescindible, excelente servicio post venta. Hay que dar un servicio de seguimiento a todos los clientes.

Este proceso hay que repetirlo con cada uno de los clientes y hay que maximizarlo y hacerlo tuyo. Tienes que hacerte un máster, tienes que hacerte un experto en tu proceso específico. Algunos te dirán, oye, es que te conviene que hagas esto, te conviene que hagas lo otro... bueno, te va a convenir lo que sea bueno para ti, te va a convenir lo que sea a tu estilo, a tu forma de ser. Adapta este proceso de ocho pasos a tu forma de ser para aprovechar cada uno de los pasos y hacerlo muy eficiente y efectivo a la hora de iniciar un nuevo negocio. Muy bien, ¿para qué es importante tener un proceso de venta? Todo en esta vida son procesos, desde en la mañana que despertamos. Nos levantamos, apagamos el despertador, bueno, lo apagamos o lo ponemos en "snooze", ¿verdad? Y lo volvemos a poner en "snooze", nos levantamos, fíjense bien siempre hacemos lo mismo. Normalmente hacemos un mismo proceso, y lo hacemos prácticamente inconsciente, por ejemplo, el mío es:

- ✓ me levanto,
- ✓ apago el despertador,
- ✓ agarro el celular,
- ✓ reviso si hay algún correo importante en la mañana, *MAL*.
- ✓ y me voy a bañar, y lo hago inconsciente, y todos los días hago lo mismo.

Todos los días es lo mismo al igual que el proceso para vestirme. Hay una pregunta que me hacen muy seguido y es porque, yo normalmente llevo en mi pecho un pin del Espíritu Santo y la gente se sorprende y me dice ¿cómo es que nunca se te olvida ponértelo? Todos los días lo traes. Muy sencillo, es el proceso que tomo todos los días, y ya sé dónde lo tengo, siempre lo pongo ahí la noche anterior, lo dejo donde pongo mi reloj, donde pongo el anillo de casado, donde pongo todo lo que me voy a llevar el siguiente día. Como proceso es muy sencillo, lo conozco y lo hago incluso inconsciente. Esa es la importancia de tener un proceso. Puedes tener tu propio proceso, ¿para qué? Para que lo hagas inconsciente, para que te salga fluido, te salga sin ningún problema, sin ninguna barrera, que lo hagas como si lo hicieras todos los días. Eso es lo que debes de hacer, porque eso te va a llevar al éxito. Los procesos están en todos los días de nuestra vida.

¿Qué es la prospección? Sabías que las estadísticas promedio indican que de cada treinta contactos que tú tienes vas a obtener diez citas iniciales. De esas diez citas iniciales, se van a cumplir solamente ocho, y de esas ocho vas a conseguir cuatro prospectos para lograr una venta, de esos cuatro, vas a lograr dos ventas, y de ahí vas a lograr alrededor de quince referidos. Esta es la estadística de la industria en el caso de los seguros. Lo importante aquí es que no estés dentro de la estadística de tu industria. Tú debes estar por encima de esa estadística, que esos treinta contactos se conviertan en más citas, que esas diez citas se conviertan en más citas efectivas, que

El SPA de las Ventas

esas ocho citas efectivas se conviertan en más, y al final puedas obtener más ventas por cada treinta contactos. No quiero que seas un vendedor dentro del promedio o abajo del promedio. Siempre les digo a mi coachees, que cuando vienen conmigo es para ser mejores, para crecer, dentro del proceso de coaching, yo les digo: Aquí vienes para ser mejor, no vienes para estar dentro del promedio, aquí vienes para ser mejor vendedor con base a tu experiencia, con base a mi experiencia como coach para sacar lo mejor de ti, pero siempre enfocado en ser mejor, si vienes aquí con la intención de ser del promedio, si vienes con la intención de lograr ingresos solo para tus gastos, no te voy a poder apoyar. Yo quiero gente exitosa, gente que quiera sobresalir, y seguro que tú eres uno de ellos porque invertiste en ti, al momento que decidiste leer este libro, estás abriendo posibilidades, estás visualizándote como un vendedor mucho más exitoso de lo que eres ahora. Entonces estoy seguro que tú eres una persona de las que quiere estar arriba del promedio, y si te enfocas en ser productivo, si actúas inteligentemente, si puedes llevar un proceso con estos pasos que se adapte a ti, a tu forma de ser y a tu estilo, que se te haga algo sencillo, que lo hagas inconsciente día a día, seguro que vas a tener mucho éxito. ¿Por qué? Porque lo harás incluso sin darte cuenta.

    La prospección es muy importante porque desde allí puedes incluso ir definiendo si un cliente es un prospecto calificado, desde esa misma prospección vas a definir eso. Ahora, ¿cómo prospectar? Hay muchísimas formas de cómo prospectar, o dónde prospectar. En el quinto capítulo te voy a ofrecer varias opciones, muchas opciones de cómo prospectar. Pero bueno, piensa, piensa en este momento cómo prospectar, dónde, dónde los voy a encontrar. Referidos, ¿cómo los voy a encontrar? ¿Cuándo? ¿Qué voy a hacer para generar esos prospectos? La razón principal que me dan mis coachees cuando les pregunto por qué no han vendido, es porque según ellos no tienen a quien llamar. La prospección es la base del crecimiento de tu negocio y tus ingresos. Y las preguntas que debes hacerte todos los días son: ¿Dónde los voy a encontrar? ¿Dónde los voy a conseguir? ¿Dónde los voy a identificar? Puede ser en el gimnasio, puede ser en el colegio de tus niños, puede ser en la iglesia, puede ser donde tú quieras, donde se te ocurra, porque donde pienses ahí hay prospectos. Claro siempre enfocándote a encontrarlos dependiendo de tu producto o servicio.

¿Cuáles son las cosas más importantes para obtener un prospecto? ¿Cuáles son las cosas más importantes que debes conocer para tener un prospecto calificado? Definitivamente ejemplos como: su nombre, su número de teléfono, si es casado, si es soltero, si tiene hijos, a qué se dedica, qué le gusta, si es una persona que tiene capacidad de pago o tiene problemas económicos, etc. Todas esas cosas son importantes para saber y encontrar correctamente dichos prospectos.

Ya que definiste y encontraste los prospectos, haz una lista, para estar bien preparado, una lista con los nombres y los teléfonos, y que te prepares para el segundo paso que es hacer la llamada. Antes de hacer la llamada, tienes que estar muy consciente de lo que necesitas en ese momento, tener libreta en la mano, pluma, los nombres de los prospectos a los que vas a llamar, debes tener, sobre todo, antes que nada, mucha seguridad en ti mismo, tu estado de ánimo es lo más importante al momento de hacer tu llamada y por eso es que debes encontrar un lugar donde te sientas seguro, donde te sientas protegido, como si estuvieras hablando con un amigo. Cuando una persona escucha una voz amistosa que te genera buena espina, es muy sencillo establecer una conversación y seguir escuchando a lo que dice la otra persona. Recuerdas la primera letra de SPA, bueno aquí es un momento en donde debemos de aplicar intensamente la SEGURIDAD en uno mismo.

Recordemos que el objetivo de la llamada es obtener una cita. Si quieres que tu llamada sea exitosa, debes obtener la cita. No es obtener información de él, no es obtener teléfono, no es más que obtener la cita. Una llamada debe ser muy eficiente, no debe durar más de un minuto o minuto y medio cuando mucho, debe ser una llamada muy rápida, con el único objetivo repito "obtener la cita". Hay muchos vendedores que utilizan scripts para sentirse más seguros y cada quien, yo recomiendo que utilices y hagas uno a tu estilo, a tu forma de ser. Hay quienes son campechanos y hacen su llamada, así; hola compadre, ¿cómo estás? ¿Cómo te ha ido? Me recomendó contigo fulanito de tal...Y hay personas que son más estructuradas, pues no es el estilo de ellos ser campechanos, son llamadas más estructuradas, buenas tardes, te hablo porque me recomendó contigo fulanito de tal, mi nombre es Ricardo Garza, y me gustaría concretar contigo una cita, etc... Cada quién es diferente. Haz un script a tu estilo, y no lo leas, apréndetelo. Repítelo tantas veces hasta que te vuelvas un verdadero maestro en tu *speech*. Recuerda que la repetición es la madre de todas las cualidades.

No importa si te brincas una frase o una palabra, no hace falta hacerlo tal cual lo escribiste. El script es importante, pero lo más importante es que estés seguro. ¿Cuándo vas a sacar más citas de esas llamadas? Cuando estés cien por cien seguro de lo que vas a lograr, entonces trata de hacer la llamada dentro del primer minuto, minuto y medio, y recuerda cerrar la cita es el objetivo. ¿Y cómo cerrar la cita? Hablábamos en el capítulo anterior sobre la importancia de que tú manejas tu agenda, que no la manejen tus clientes, les has llamado, les has hecho la propuesta de cuándo se pueden ver y vas a dar solamente dos opciones. Si él toma una, perfecto, él decide, si él te dice no puedo en ninguna de esas dos, abres una tercera o una cuarta opción, no importa, pero dirígelo a donde tú quieras que se haga. Cuando tú le pones dos opciones a una persona, ya sea en una llamada o en lo que sea, cuando le pones dos opciones, él lo que tiene que hacer es decidir, entre ésta o esta, no le preguntes a ver: ¿cuándo puedes?, si tienes la oportunidad, es que no te quiero molestar. No, al contrario, le estás ofreciendo algo positivo, algo bueno para él, para su familia, para su tranquilidad, para su paz interior, le estás ofreciendo algo positivo según tu producto o servicio. Compórtate como un vendedor, le vas a llamar para ofrecerle algo bueno para él, eso te va a dar seguridad, cada vez que hables, habla con la convicción de que estás ofreciendo algo bueno para esa persona. Pues estoy seguro que tu producto o servicio es de beneficio y solucionará problemas o preocupaciones que la persona tenga. En ningún momento te está haciendo un favor. Cuando tú pienses que un posible cliente, un prospecto te está haciendo un favor, en ese momento ya perdiste. Ya estás derrotado, no se va a hacer la venta. Entonces piénsalo al revés, tú le estás haciéndole un favor a él, en hablarle, le estás haciendo un favor, le estás dando la oportunidad que se beneficie de algo que tú sabes que es bueno para él. Eso te va a dar mucha seguridad. Pon mucha confianza en ti mismo al hacer la llamada, dale dos opciones solamente, dale dos opciones para que él decida cuándo se ven, y trata de que sea fuera de su oficina. Mucha gente por facilidad los busca en su oficina, yo te visito, yo voy ahí contigo, pero mejor trata de sacarlos de su hábitat, de su territorio, sácalos de ese ambiente en el cual ellos se sienten poderosos, del ambiente en donde ellos se sienten los reyes del mundo, sácalos de ahí precisamente para que no tengan esas constantes interrupciones durante la cita. Que les habla su asistente, que le habla una persona, sacarlos de allí, busca opciones para estar con ellos y para verte en otro lado, ya sea en un café, si tú tienes oficina y la tienes bien arreglada, y la tienes presentada, invítalos a tu oficina. No sé, pero sácalos de su oficina o área de trabajo. Si de plano no lograste sacarlo de su oficina, busca que la reunión sea en una sala de juntas. Pero no en su lugar, pues eso los hace tener todo el poder de la negociación. Además de que los estarán interrumpiendo constantemente.

Muy bien, ya vimos prospección, ya vimos el segundo paso, que es la llamada, ahora vamos al momento de la preparación, que es el tercer paso. Antes de llegar el prospecto te tienes que preparar, ya en ese momento debes de tener la información completa. Yo te recomiendo que vayas ya preparado con algo. Pero ve+

con la intención de escuchar sus necesidades porque si tú sientes que lo que llevas en tu preparación, es un buen producto o servicio para él, y el cliente en la primera cita, está listo para comprar y considera que es un buen producto para él, la primera cita puede ser tu cita de cierre (La apertura de un nuevo negocio). Tú lo tienes que evaluar y eso depende de ti. Conozco muchos vendedores y todos piensan diferente. Hay vendedores que piensan: yo trato de cerrar en la primera cita siempre, porque, así como conozco vendedores que son muy cerradores, conozco a vendedores que asesoran muy bien a sus clientes y tienen un éxito impresionante ¿Cuál es tu estilo? Las personas somos diferentes. Nos funcionan cosas diferentes, estrategias diferentes, lo tienes que adaptar a tu estilo, con lo que te sientas más cómodo.

Hazlo a tu estilo. En lo personal, creo que es importante ir preparado para cualquier cosa, por esto hay que hacer una correcta preparación y ¿cómo vas a hacer esa preparación? Con base a la información que tengas del prospecto, diseña un "paquete" o estrategia con base a las soluciones de tu producto o servicio. Por supuesto no tengo que mencionar que debes ser un experto en lo que

El SPA de las Ventas

vendes, y debes creer en lo que estás ofreciendo. Pues si tú no crees en lo que ofreces olvídate de ser exitoso en eso. No digo que tenga que ser algo que a ti te guste o que tú usarías o comprarías. Pero sí que creas que es un producto o servicio que le va a solucionar un problema o inquietud a tu prospecto. Si te es posible, trata que la preparación no sea algo que te quite mucho tiempo, si vas a hacer una presentación y tienes a un asistente o alguien que te apoye, delégalo. Claro con los puntos importantes que tú quieras resaltar. Recuerda que el tiempo que le dedicas a la preparación no te generará ingresos extra, sin embargo, es muy importante estar preparado buscando siempre la eficiencia, para que tengas tiempo de seguir generando llamadas y citas para incrementar tus ingresos.

Esta preparación puede ser antes de la primera cita o entre la primera y la segunda cita. Todo depende de cómo quieres llegar desde un inicio.

- ✓ Paso uno: prospección
- ✓ Paso dos: llamada
- ✓ Paso tres: preparación
- ✓ Paso cuatro: la cita inicial

¿Qué es lo importante en la cita inicial? Definitivamente generar confianza, es lo más importante en una primera cita, generar confianza. Lo segundo más importante en una primera cita es: escuchar.

Independientemente de si tú ya traes una propuesta, escucha al cliente, escucha la necesidad del cliente, escucha qué es lo que quiere, lo que está buscando, cuáles son sus necesidades. Si tú llegas con el cliente, causas una impresión favorable, buena relación, confianza, le das a entender que tú estás ahí para ayudarlo. Empieza haciendo relación, creando el famoso *"rapport"*, crea una confianza entre los dos, y empieza preguntando. Por supuesto que no tengo ni que mencionarte, que seas puntual, o que tu presencia física sea importante. No me refiero a que debas ir con traje o sin traje, eso es decisión tuya, como te sientas a gusto, como tú te sientas más tranquilo y confiado. Si a ti te gusta y te sientes muy cómodo e importante cuando te pones traje, usa traje; si a ti te gusta andar en *jeans*, pero bien presentado, vete en jeans. Pero eso depende de tu estilo, lo que por supuesto siempre debes cuidar es la higiene, el peinado, los zapatos, el maquillaje en el caso de las damas, etc. Y busca también en cierta forma si vas con un director, que sabes que siempre trae traje, pues trata de usar eso para estar más empático con él, es una forma de generar "rapport" y empatía con esta persona. Repito: lo más importante es la seguridad en ti mismo y la confianza que generes cuando estás hablando con el prospecto.

Escucha, haz preguntas, véndete a ti mismo, si llevas una compañía, vende a tu compañía, si traes un portafolio de varias compañías, véndete como que traes todas las opciones, como a ti te funcione, pero véndete tú mismo. El cliente siempre se estará haciendo varias preguntas en su mente. La primera es: ¿Esta persona realmente me quiere ayudar o solo me quiere vender?

Hay una frase que dice que la persona es inteligente por sus respuestas, pero también por sus preguntas.

El SPA de las Ventas

Con tus preguntas vas a tener información de tu cliente, vas a ir enfocando tu plática hacia lo que él necesita, en lo que él quiere. Haz preguntas abiertas, preguntas para generar que él piense, preguntas que te generen respuestas interesantes para que tú las estés visualizando, déjalo que guíe con sus respuestas la cita. Por ejemplo, un asesor de seguros puede hacer preguntas como las siguientes: ¿cómo le vas a hacer para esto financieramente?, ¿qué vas a hacer para lo otro?, ¿qué vas a tener que cambiar? ¿qué vas a modificar en tu vida si te llega a suceder alguna desgracia?, ¿cómo va a vivir tu familia? Preguntas que te den información no solo de sus necesidades sino de lo que él quiere solucionar. También debes hacer preguntas para sensibilizarlo como persona y se dé cuenta de lo que debe solucionar.

Utiliza también mucho las palabras que él mismo utiliza, las frases que él usa, si él utiliza frases como; "para mí son muy importantes mis hijos", repíteselas. Aquí un ejemplo de cómo lo debes manejar; tú me dijiste que para ti son muy importantes tus hijos. Utiliza esas mismas frases para beneficiarte.

Cuando escuchas obtienes lo que el cliente necesita y sobre todo lo que el cliente quiere y ahí es en donde ofreces soluciones. Recuerda, al cliente no le interesan tus productos, no le interesa que el producto se llame como quiera llamarse. Quiere soluciones, eso es lo que quiere tu cliente, quiere que resuelvas sus problemas. Que le resuelvas sus necesidades, tú vas a ofrecer soluciones, no vas a ofrecer productos.

Algo importante entre la primera y segunda cita es que debes obtener un compromiso de tu prospecto de que tomara una decisión en la segunda cita. Cuando vayas a tu oficina entre la primera cita y segunda, arma la propuesta, yo te recomiendo que le mandes un correo, en donde le vas a decir que sí encontraste la solución para él, porque seguramente tu producto soluciona algo, y si no le soluciona nada entonces no estás con un buen prospecto. Le mandas el correo le recuerdas la cita y repites, como quedamos te pido por favor que en esta próxima cita tomes una decisión. Si quieres consultar algo con alguien más, antes de nuestra entrevista, adelante, para que me puedas dar una respuesta.

Perfecto, ahora ya obtuviste un compromiso, ya conociste sus necesidades y lo que quiere, ya sabes lo que él está dispuesto a pagar y le estás diciendo que le vas a ofrecer la solución que él necesita. Entonces, la segunda cita tiene que ser de cierre, para iniciar un nuevo negocio o relación con esta persona.

En la segunda cita llegas, vuelves a generar esa armonía, esa confianza, esa relación entre ambos, lo vas a sensibilizar en una forma diferente, ya no es necesario hacerle preguntas, sin embargo, sí es necesario que reafirmes lo que hablaron en la cita inicial. ¿Cómo reafirmas? Simplemente, tú me dijiste que tú quieres esto, esto y esto, tú me confirmaste que tenías la capacidad de invertir ésta cantidad de dinero. Yo aquí te tengo tu solución tal como me la pediste. Dime qué va a hacer, ya lo acorralaste. Tiene lo que quiere, es lo que necesita, es lo que puede pagar. Ya no hay para donde mirar, si se va por la tangente, la única cosa es que te dijo mentiras, y bueno, no es un cliente que valga la pena.

Entonces ya lo tienes listo para iniciar un negocio juntos. Ya la segunda cita es realmente para lograr ese sexto punto, que es el cierre. Pero como dije anteriormente, a mí no me gusta la palabra cierre, porque cierre, es como terminar algo, terminar algo malo, vaya. Algo que ya acabó. Algo que aquí terminó. Cuando realmente es al revés, estás iniciando una nueva relación, estás iniciando una relación con un cliente, estás iniciando un nuevo camino para esa persona y un nuevo camino para ti. Pues si a esa persona tú le das un excelente servicio, sin duda te va a recomendar a nuevos prospectos. Ya celebraste, ya festejaste, ya estás celebrando con el cliente y felicitándole, muy importante que lo felicites. Muchas felicidades, te felicito, no cualquier persona piensa como tú. Vaya, habla de él, aliéntale, felicítale por la decisión que tomó. Dale gracias por haber confiado en ti y también asegúrale que vas a estar ahí para él y en todo lo que necesite.

Muchos vendedores logran la venta, y lo primero que hacen es despreocuparse del cliente. Ya me pagó, ya tiene el producto/servicio, adiós *¡ERROR!*

Si abriste un nuevo negocio, envíale algo, un agradecimiento, no un agradecimiento por la compra, sino un agradecimiento por la confianza. Envíale un correo, envíale un detalle, cualquier cosa, pero eso va a generar mayor relación. Eso le dará a él la confianza de que la compra que hizo fue lo correcto y que tú siempre te interesaste por él.

¿Y qué sigue? Bueno, el siguiente paso que es el número siete, es pedir referidos.

Mucha gente tiene miedo a pedir, porque creen que no eres exitoso, que los clientes van a pensar que no eres bueno porque necesitas estar pidiendo referidos. Y, definitivamente, tu materia prima son los referidos, tu materia prima son los contactos, tu materia prima son las personas, y qué mejor persona para que te recomiende, si ya confió en ti y en tu producto/servicio.

Ahora no aceptes que te digan que después te los manda por correo, pues ese momento no va a llegar, pídele que te de los datos allí y si es posible, pídele que les llame para que sepan que les vas a hablar, de esta forma te reciben sin ningún compromiso. Dirígelo hacia donde tú quieras para que te pueda dar una respuesta, y te pueda dar el nombre de tres o cinco personas. Ahora todos tenemos ya nuestros contactos en el teléfono celular, y seguro lo tiene ahí en la mano, aprovéchalo, y pídele que revise su celular para que te pase los nombres en ese momento. Recuerda SEGURIDAD en ti mismo, no tengas miedo, no pasa nada, lo único que puede pasar es que vuelvas igual a la oficina, sin ningún referido de ese cliente.

Mucha gente me dice que le cuesta mucho pedir referidos o contactos. Y seguramente tú eres una de esas personas. Pues el 99.9% de las personas en este mundo le tienen miedo al famoso NO. Yo te pregunto: ¿Qué es lo peor que puede pasar? ¿Qué te digan que NO? De todas formas, el no ya lo tienes, pues ni siquiera has pedido nombres. Así que lo peor que puede pasar es que

El SPA de las Ventas

te quedes en la misma situación en la que YA ESTÁS... Tienes mucho que ganar y nada que perder. Atrévete a crecer tu negocio, a hacer cosas diferentes para obtener resultados diferentes.

Ahora después de haber pedido los referidos pasamos al paso número 8, el servicio que le vas a dar posterior a esa venta. Enfócate en hacerlo sentir bien, enviarle algo en su cumpleaños o simplemente hablarle para felicitarlo. También en fechas importantes como Navidad, enviarle un detalle, mandarles un correo, acordarte de ellos. No es totalmente necesario gastar dinero. Es algo que a ellos los haga sentir importantes. Al ratito sus pensamientos van a ser: "Mira ahí esta Ricardo, me sigue apoyando, nunca se le pasa mi cumpleaños, es más, ni mis amigos me hablan en mi cumpleaños." Y, ¿qué va a generar esto? Que estés en su mente y en el momento que alguien le pregunte si conoce quien le puede vender cierto producto o servicio, por supuesto que te va recomendar. Claro, pero en cambio, si solo lo viste el día que le vendiste, o en todo el año nada más te apareciste para cobrar, ¿crees que te va a recomendar? A lo mejor te recomienda porque no conoce a nadie más pero no te va a recomendar con gusto, y lo importante es que te recomiende con gusto y que te defienda si alguien más le recomienda a otra persona. Ahorita la tecnología nos permite hacer muchas cosas, cosas que antes eran prácticamente imposibles, y ahora tienes todos sus datos, tienes su correo, envíale al menos una vez al mes algo, algo de valor, un artículo de información financiera, un artículo de superación personal, simplemente algo de valor, no para venderle, no para ofrecerle otra cosa. Me refiero a información que lo haga crecer de alguna forma, que sea un valor agregado. Y eso logrará que te tenga en su mente, te va a tener bien posicionado, y ahí es el momento donde van a venir los clientes solos, ¿por qué? Porque si a todos tus clientes los tratas de esa forma, ellos te van a recomendar sin necesidad que le pidas que te recomienden y te va a empezar a hablar gente, que vienen recomendados por ellos. Hay que generar referidos, y que lleguen solos con base al servicio, con base a la atención que le das a tus clientes.

La clave para generar millones y millones de pesos en ventas está en el servicio post-venta. Ahí es donde viene la mejor publicidad que existe hoy en día y que existirá por toda la eternidad, boca en boca.

Te repito los ocho pasos:

1. La prospección
2. La llamada
3. La preparación
4. La cita inicial
5. La segunda cita
6. El cierre o el inicio del negocio
7. Los referidos
8. Servicio post-venta

Repite esos pasos y hazte un maestro en esto, logra hacerlo con una capacidad enorme, que lo hagas sin pensar, que lo hagas automático, repítelo, repítelo, repítelo... En la repetición está el aprendizaje.

El SPA de las Ventas

Hazte un experto, irás mejorando en el camino lo que puedes ir haciendo mejor.

> "A nadie le faltan fuerzas; lo que a muchísimos les falta es voluntad".
> —Víctor Hugo

P

ES MOMENTO DE revelar la segunda letra de la palabra SPA, después de haber logrado obtener nuestra seguridad en nosotros mismos. Ahora sí, tenemos que obtener el fuego interior que logrará que obtengamos esas metas y objetivos que nos propusimos al inicio de este libro.

La "P" representa una palabra muy fuerte, tal y como el famoso ruido que hacen las palomitas cuando explotan "POP" es lo que nos va a mover, lo que nos va a inspirar y lo que nos va a enfocar en lograr lo que queremos.

Sin esta característica, será difícil lograr lo que queremos. Incluso teniendo ya una fuerte seguridad en nosotros mismos. Esta característica apoya y le da vida a la primera palabra que es SEGURIDAD. La PASIÓN por lo que queremos lograr será de vital importancia para apoyar nuestro camino al éxito. "P" de PASIÓN es lo que necesitamos encontrar en todo lo que hacemos. Es lo que nos va a hacer brincar, luchar, pelear, insistir, a pesar de los obstáculos.

Puedes tener un plan muy bien diseñado para lograr tu meta, puedes tener la seguridad en ti mismo para enfrentar cualquier circunstancia que se presente en el camino. Sin embargo, si no existe pasión, no habrá qué te mueva hacia delante para cruzar ese camino.

La pasión es el motor que va a mover tu cuerpo y te va a hacer que hagas cosas inimaginables. En mis Seminarios de Ventas hay momentos en los que les pido a los vendedores que diseñen sus metas de ese año o ese semestre. Y uno de los puntos más importantes en ese plan es responderse la pregunta: ¿para qué? Sí, ¿para qué quiero lograr esta meta? ¿Cuál es la razón por la que esto es importante para mí? Porque sin una razón de peso, por más que definas tus metas, no habrá esa pasión por lograr lo que quieres.

Por ahí dicen que las metas deben de ser extremadamente excitantes, para que encontremos pasión para lograrla.

Si tú consideras que lo que haces no lo haces con pasión, creo que es momento de tomar acción y encontrarle pasión a lo que haces. O pasión del por qué lo haces y por qué quieres lograr esa meta.

Busca qué de lo que vendes o de tus metas te genera o te puede generar una verdadera inspiración interna. Qué logra apasionarte todos los días para levantarte con el ánimo necesario y hacer de ese día el mejor día de tu vida. Si hoy te da flojera vender, o lograr las metas que tú te pusiste o que alguien más te puso, yo te invito a que encuentres esa pasión escondida ya sea por una meta retadora que te genere una realización personal. O por la pasión de apoyar a los demás con los servicios o productos que tú manejas. Encuentra cómo esos productos o servicios pueden cambiar la vida de los demás, y agárrate de ser apasionado(a) de lo que vas a lograr si conviertes a más prospectos en clientes de verdad.

¿Cómo usar a mi favor los rechazos de mis prospectos?

> *"No he fracasado. He encontrado 10000 soluciones que no funcionan".*
> —Edison

NO HE FRACASADO. He encontrado 10000 soluciones que no funcionan.

Aquí vamos a hablar un poco más sobre la confianza, sobre la seguridad en ti mismo, lo que necesitas hacer para lograr tus metas, para ser mejor, y que no te afecte ningún rechazo de un cliente. Algo que he visto durante este trayecto es que los vendedores se topan mucho con los famosos "no". Esos "no" que truncan todo el desarrollo, esos "no" que cuando vas por un camino ascendente y te llega un "no", muchas veces retrocedes un poco.

En este capítulo hablaremos mucho sobre ti, sobre tu persona, cómo puedes ser mejor. Es muy importante que, en cada llamada, en cada cita, cada vez que estás frente a un cliente, tengas una seguridad muy fuerte en ti mismo, que confíes en ti, que confíes en lo que estás haciendo. Nada ni nadie va a lograr que cambie tu perspectiva de cómo estás en ese momento. La seguridad en ti mismo es lo que te va a llevar a lograr lo que quieres, ¿Recuerdas que en el primer capítulo te dije que había tres cosas muy importantes para lograr una meta? ¿Y la primera, cuál es? Seguridad en ti mismo. Recordamos la segunda, que es pasión, y la tercera es la acción. Pero vamos a enfocarnos en seguridad, confía en ti y obtén beneficios ante el rechazo de un cliente.

Cuánto no has leído o escuchado sobre motivación, sobre inspiración, sobre seguridad en ti mismo. Creo que es algo básico en esta carrera como vendedor, es algo que cada uno de nosotros requerimos tener todos los días. Hay muchas formas de obtenerlo, pero lo principal es que tu internamente tengas esa inspiración, y esa seguridad que reflejas ante los demás. Porque podrás tener motivaciones externas, pero si tú realmente no crees en ti mismo, va a ser muy difícil que llegues a tu meta. Porque van a llegar los "no´s", van a llegar los cortones de llamadas, van a llegar muchas cosas que te van a hacer o te van a querer forzar a dejar tu meta. Entonces, la seguridad en uno mismo es algo que debes traer dentro, la seguridad en uno mismo es algo que va a reflejarse ante un cliente, ante tu prospecto. En todo momento, desde cómo pides referidos, desde cómo hacer una llamada, cómo llegas en la primera cita, con qué seguridad llegas a presentar el producto o servicio en la segunda cita, al momento de hacer el cierre, en cada paso, se refleja tu seguridad y el cliente lo percibe.

Si tú estás inseguro, si tú estás preocupado por otras cuestiones, es muy probable que el cliente lo vaya a identificar. Entiendo sea posible que estás preocupado por cuestiones familiares, por cuestiones financieras, y principalmente las cuestiones financieras son las que muchas veces, destruyen esa seguridad en ti.

Necesitas vender, quizá no has vendido nada en este mes, y te urge el dinero. Esa urgencia, déjala fuera de la cita, fuera de las llamadas, fuera de cualquier momento en el que estés con un prospecto. Entonces deja todas esas preocupaciones, deja todas esas cosas que te están haciendo sentir inseguro, porque entre más pienses en ellas, más te van a hundir en esa inseguridad, y lo que tienes que hacer es enfocarte y ocuparte en lo que es importante, en lo que te va a dar ingresos, lo que te va a dar para resolver esa otra preocupación que traes.

Entonces, hay que dejar de un lado esas preocupaciones financieras para podernos enfocar en el aquí, en el ahora con tu cliente o con tu prospecto.

El principal temor de todos es a que nos digan que no. A que no nos den más citas, a que nos rechacen alguna propuesta, pero yo te voy a decir una cosa, si tú no haces una llamada, entonces ya tienes un no, si no haces diez llamadas, de esas diez personas, ya tienes diez no. Lo peor que te puede pasar es que te quedes como estás, y lo mejor que te puede pasar es que conviertas esos no en sí. Que a lo mejor de diez, conviertes dos, de diez conviertes cuatro, pero tenías diez, si te dieron cuatro citas, ahora tienes solamente seis no. Enfócate en lo positivo, enfócate en lo que puedes lograr con esa llamada, no te enfoques en que pueden decirte que no. Si te dicen que no, adiós, él se perdió la oportunidad.

Recuerda también que la persona que está en frente de ti, no te está diciendo no a ti como persona, no te está diciendo no a ti como te llames; está diciendo que no a la oportunidad que le estás presentando. No te lo tomes personal. Hay un libro que recomiendo leas, se llama "Los Cuatro Acuerdos", es muy interesante porque habla mucho sobre el no suponer.

Suponemos de todo, cuando le vas a pedir un referido al cliente supones que no quiere dar nombres, cuando le voy a pedir un referido a un amigo, supones que no quiere molestar a sus amigos. Nos pasamos suponiendo todo el tiempo, suponiendo que le vamos a molestar por pedirle referidos, que lo vamos a molestar porque a lo mejor está ocupado en ese momento que tú le haces la llamada.

No supongas, si quieres saber algo, pregunta, pero no supongas. Las suposiciones nos las hacemos en nuestras cabezas, y están solamente ahí. La realidad es otra, y esas suposiciones, cuando tú las vuelves realidad, lo único que hacen es truncar el camino hacia tu meta, lo único que hacen es bloquearte y ponerte obstáculos para que no llegues a dónde quieres llegar. Lo más chistoso es que tú sólo te estás saboteando, porque tú estás generando esas suposiciones. No supongas, ve la realidad solamente. Tú no sabes si la otra persona tiene una necesidad impresionante de que le hables en ese momento ¿Por qué no supones así? ¿Por qué no supones en positivo?

Normalmente supones o suponemos o muchos suponen que no me va a querer contestar, no me va a querer recibir. Al contrario, suponte que esa persona necesita de mi ayuda en este momento porque tiene hijos, porque tiene una pareja, porque necesita una tranquilidad, necesita su retiro, porque necesita invertir, en caso de que supongas, supón mejor cosas positivas.

Volviendo un poquito a los famosos "no", a la palabra "no", que es un tabú, un des-inspirador, agotador de energía, reductor de seguridad en uno mismo. Yo te digo que en el momento que empiezas tu día y tienes por llamarle a diez, veinte o treinta posibles clientes, en ese momento de la mañana, tienes treinta "no", treinta, porque le vas a llamar a treinta personas, y en ese momento ninguna de ellas te va a recibir, ni una de ellas te va a contestar la llamada. ¿Qué tienes que hacer? Convertir esos treinta "no" en "sí", ese es tu labor como vendedor. ¿Por qué? Porque tú sabes que ellos necesitan de tu ayuda, tu labor es convertir los "no" en "si". El "no" ya lo tienes, no lo vas a obtener. En este momento tienes todos los "nos" de las personas a las que no has llamado. Lo único es que hay que convertirlo en sí, hay que verlo positivo. Convierte todos esos no, en sí. Recuerda, tienes mucho que ganar y absolutamente nada que perder. Vuelvo a lo mismo, si te vuelven a decir no, ¿qué pasa?, te quedaste igual que como estabas, no pasa nada. Te quedas exactamente cómo estabas al iniciar el día. Y cada "sí" que vayas aumentando, es algo positivo, solamente que, como personas, nos enfocamos en las cosas negativas, nos enfocamos en las personas que nos dijeron que no. Tal vez de los treinta que les ibas a hablar le hablas a diez, cuatro te dicen sí, seis te dicen no. Yo te diría que obtuviste cuatro "sí" y tú me dirías, es que de diez, seis me dijeron que no. No lo veas así, al contrario. Tenías diez "nos" de esas llamadas, entonces, de los treinta a los que les ibas a llamar ese día, ya obtuviste cuatro "sí", vamos a seguir adelante para lograr cosas positivas. Y ese es el verdadero reto de todos los vendedores, no hablo solo de los vendedores nuevos, hablo de los vendedores consolidados, de los vendedores que ya tienen mucho tiempo, e incluso de los vendedores que están arriba en ventas. A todos les afectan los "no". Los que han logrado salir de eso, es que saben que obtener un "sí" es un beneficio, que ya tienen el "no" en sus manos desde el principio del día. Esos son los vendedores que han logrado salir adelante y te puedo garantizar que los vendedores más exitosos también se han caído en algún momento porque ya traen una propuesta, ya la plantearon, el cliente está interesado, y de repente, surge una situación, y no se da la venta. Ahí empieza el estrés, ¿y qué pasa? Tu mente está toda la semana o todo el tiempo en que era un cliente importante, te dijo que te esperaras, estás todo el tiempo pensando en esa situación. ¿Pero qué estás haciendo? Nada, nada más te estás auto saboteando a ti mismo.

Cuando estás teniendo tiempo para aprovecharlo y generas más "sí", generas más velas prendidas. Es como siempre digo, entre más velas prendidas tengas, más posibilidades tienes de seguir motivado. Si tú le hablas a dos personas, vas con dos personas, una te dice que no ¿qué te queda? Solamente una, entonces, reza para que el otro te diga que "sí" pues si no ya no vas a ven-

El SPA de las Ventas

der nada. En cambio, si vas con diez personas, una te dice que no, no importa, te quedan nueve. Oye, dos me dijeron que no, no importa, me quedan ocho. Y como bien te dije en el capítulo anterior, la estadística, de cada treinta contactos, consigues diez citas, de cada diez citas que consigues ocho son efectivas y de esas ocho, en promedio consigues dos ventas. Entonces, si le hablas a dos, probablemente es que continúes con los "no" que estaban en la mañana. Le ibas a hablar a dos personas, ya tenías dos "no", les hablaste, seguías con los dos "no", no pasa nada. Claro, lo importante es subir ese porcentaje de bateo, para que por cada persona que visites, tu porcentaje de cierre sea mayor, eso es lo que hay que incrementar. Al lograr eso, también subirá tu seguridad.

Hay dos tipos de formas para trabajar y hacer llamadas para obtener tus citas. En lo personal me gusta mucho definir un bloque de tiempo para conseguir varias citas. Hay gente que se desespera con estar tres horas llamando y hay gente que le gusta hacer eso para tener toda la semana de preparación para ir a las citas, visitar a los clientes, atender a sus clientes actuales. Entonces, enfócate en hacer la llamada en un lugar donde estés seguro, donde te sientas muy tranquilo, existe una técnica que dice que te sientes frente a un espejo y te veas, sonrías, eso te va a ayudar a generar mayor confianza con el cliente y contigo mismo. Si te funciona, úsalo. Si te funciona estar sonriendo frente a un espejo, y eso genera que el cliente perciba tu confianza, que el cliente perciba que estás riendo, que el cliente te perciba como una persona positiva, úsalo.

Volvemos otra vez, no supongas, si tienes una duda, pregunta. Oye, vas con un cliente y te dice que no, ¿y qué pasa? La otra vez estaba con un vendedor y preguntaba, ¿cuál fue la razón por la que no le entró al negocio? Él dice, no sé. ¿Cómo que no sabes? ¿No le preguntaste? No, yo creo que fue porque yo soy más joven que él, él es una persona mayor y no hicimos algo de empatía. Yo le dije, "Por eso, tú estás suponiendo, no sabes, puede haber sido que no le gustó el producto o servicio, a lo mejor le presentaste algo que no cubría sus necesidades." Yo hablé con él, y le dije, hay dos formas de llegar a tus clientes. Si tienes clientes de tu misma edad, llégales de una forma, si tienes clientes de diferente edad que tienen necesidades diferentes a las tuyas, a la gente de tu entorno, enfócate, porque ellos tienen necesidades diferentes. No vayas con el mismo speech con el que fuiste con una persona de tu misma edad, pregunta cuál es la razón por la que no quieren invertir en este negocio, tan sencillo como eso, que te responda. Lo peor que te puede pasar es que te diga que fuiste tú, que no le caíste bien, no le reflejaste confianza, porque no sabes hablar, porque no escribes bonito, lo que sea, pero bueno, eso es retroalimentación para que tú puedas mejorar.

Ante un "no", obtén beneficios, si estás frente al cliente, pregúntale ¿Cuál fue la razón por la que no quisiste invertir en este producto/servicio? Haz la pregunta, a ver qué te responde. Quizás te diga mentiras también, pero si es una persona honesta, te dirá la verdad, eso te ayudará, cualquiera que haya sido la razón. Hazlo por ti, probablemente su respuesta te dé más seguridad pues te va a confirmar que no fue por ti, que la razón es algo que no está en tus manos. Al momento de preguntar, obtén ese beneficio.

Mucha gente dice que no le pide referidos a alguien que no le compró. ¿Cómo? ¿Por qué? ¿Cuál es la razón por la que no le vas a pedir referidos? Esas son creencias, son creencias que te están limitando a conseguir más prospectos, son creencias que te están limitando a lograr tu meta. Y tú mismo te las estás haciendo, a lo mejor oíste a un compañero que lo dijo y es una persona en la que confías, incluso a lo mejor es un vendedor exitoso el que lo dijo. Ya por eso, como él lo dijo, no pedirás referidos a las personas que no te compren.

Todos somos diferentes, probablemente un buen amigo de él esté urgido de algo como lo que tú estás ofreciendo, pero si no preguntas, si no buscas tener esos referidos, no vas a tener más prospectos, tú solo estás bloqueando el crecimiento en tu negocio, solito lo estás haciendo. Y todo por falta de seguridad al momento de ofrecer y de pedir los referidos. Hay que pedirlos, no hay que suponer. Suponiendo que tu prospecto, que te acaba de decir que no, se llama Rubén, muchos vendedores tratan de disfrazar el pedido de referidos, y ¿qué hacen? Más o menos la conversación es así.

Tú: Oye Rubén, si supieras de alguien que pudiera necesitar algo de lo que yo manejo ¿le podrías comentar sobre mí?

Rubén: Claro que sí

¿Pues qué otra cosa te va a decir? y ¿qué vas a hacer tú? ¿A poco te vas a ir a tu oficina a esperar que te hable algún contacto de él?, pues claro que no, por supuesto que no, debes de pedir los referidos directamente y sin rodeos.

> **Otro ejemplo:** "Rubén, como tú sabes, mi negocio se basa en encontrar nuevas personas para ofrecer mis productos, y de esa forma yo puedo hacer crecer mi negocio, quiero pedirte el apoyo para que me des tres nombres, de tres personas que creas se pueden beneficiar de lo que yo ofrezco".

Ahí estás pidiendo referidos, hay muchas formas de pedir, hay diferentes y puedes pedirlo como una ayuda, puedes pedirlo también, si ya te dijo que no va a comprar el producto/servicio, pero te agradece porque le diste muy buen servicio pues estuviste ahí siempre, estuviste interesado. Si ya te está agradeciendo eso, aprovecha y dile, "oye, Rubén, por favor, dame los nombres de tres personas que creas se puedan ver beneficiados con mis productos". Ya le estás dando un beneficio, para él será muy bueno que visites a sus amigos o conocidos para ofrecerles beneficios pues si alguno de ellos te compra, le agradecerá el que te haya recomendado con él. Pídelos. Si no pides, no obtienes. Y hay que ofrecer. Si tú le ofreciste un buen servicio, siéntete seguro de que la persona te va a dar algo, y si no te lo da, no pasa nada. Esos tres referidos que le pediste, o esos cinco referidos que le pediste no los tenías, como quiera, es igual que los "no" cuando no haces llamadas. Igual cuando ibas a pedir cinco referidos, tienes cinco "no". Si consigues uno, dos, tres... todo es ganancia, todo es positivo, enfócate siempre en lo positivo.

¿Cómo puedes confiar más en ti? Pregúntale también a tu prospecto, si te vuelve a decir que no, pregúntale, ¿qué pude hacer yo mejor para que tú hubieras tomado esta oportunidad? Obtén información que sirva, es crecimiento para ti, es información para que sepas dónde puedes mejorar. ¿Qué tendría que pasar para que iniciáramos un negocio juntos el día de hoy? Es que no tengo dinero en este momento, te puede decir, bueno, el problema es que no tiene dinero en ese momento.

Seguramente te has dado cuenta que, en el noventa por ciento de los casos, si tú hiciste tu trabajo bien, el problema no eres tú, el problema es que no tiene dinero, no puede en este momento, tienen otro producto parecido, no les gustó el producto, no cree en el producto, etc. En el noventa o noventa y cinco por ciento de los casos, el problema no vas a ser tú, y eso te dará seguridad.

De las treinta llamadas que hice, y a las ocho citas que fui, logré cuatro ventas, cuatro me dijeron que no, y esos cuatro me confirman que no soy yo, que es por otra situación, entonces te tienes que sentir bien, te va a dar más seguridad, estás sacando un beneficio de esa relación. Entonces ahí ya tienes varios beneficios. Llamaste cuando tenías "no" y lograste cuatro ventas, de esas ocho citas que tuviste, cuatro te dijeron que no, y de esos "no" obtuviste cuál fue la razón, obtuviste seguridad porque te diste cuenta que no fuiste tú, también obtuviste referidos si los pediste bien. Entonces, ya estás sacando beneficios de un "no" como respuesta en una cita. Normalmente como seres humanos ante situaciones adversas nos hacemos chiquitos y nos vamos para atrás y pensamos cosas negativas. ¿Qué mejor que sacarle algo positivo a lo que teóricamente "es negativo"? Benefíciate de los rechazos de tus clientes y obtén siempre cosas positivas.

> *"Cada fracaso le enseña al hombre algo que necesitaba aprender".*
>
> — Charles Dickens

Ahora, en el momento que estés terminando con el cliente, esa no va a ser la última vez que vas a tener contacto con el cliente, depende de ti dar seguimiento a ese futuro cliente. Aunque en este momento te haya dicho que no, no importa. De todas formas, hay que halagar al cliente, hay que dejarlo con una sensación positiva, una sensación de que independientemente de lo que suceda, tú vas a estar ahí para él. Déjalo con esa sensación, se va a quedar hasta con ganas de ayudarte de alguna otra forma y ese es otro beneficio que le puedes sacar a ese cliente o prospecto. Pues, ya para este entonces debe haberte dado sus datos, por lo menos tienes su teléfono y su correo, utilízalos. Utilízalos para tu beneficio y para que siga siendo un prospecto. ¿De qué forma?, Dándole un seguimiento como si fuera un cliente normal. Si es posible, mándale un correo una vez al mes, generando valor, como bien lo dijimos, un correo generando valor

El SPA de las Ventas

para ese prospecto, sigue siendo prospecto y quizá en un futuro se vuelva tu cliente. Yo tengo clientes que me hablaron hace años, incluso me dejaron plantado, no volví a saber de ellos, pero ¿qué? Yo los tenía en mi lista de contactos y constantemente les llegaba información mía, les llegaba información para su crecimiento personal. Después de varios años, me vuelven a hablar, Ricardo, ya estoy listo, perfecto, vente. Y ahora ya es muy buen cliente. Pero, ¿qué hice? Me dejó plantado, no pasa nada, al ratito, cuando me necesites, aquí voy a estar, sin ningún resentimiento. Volvió, es muy buen cliente, le está yendo extraordinariamente bien, está creciendo en sus ventas, y además, ya me ha referido a más personas. ¿Qué hubiera sucedido si yo con ese cliente, o ese prospecto entonces, no le hubiera dado seguimiento? Me dejó plantado y me hubiera quedado con rencor, además perdí una hora de mi tiempo, porque lo tenía agendado a él y no vino, ¿qué hubiera pasado? Lo hubiera perdido totalmente. Por "x" o "y" razón, la persona no pudo venir, no pasó nada, entonces le saqué beneficio a eso. Sácale tú también beneficio, como este ejemplo que te acabo de dar, obtén de esto algo positivo, para que luego lo conviertas en cliente, en un año, en dos años, en tres años, no importa, ahí vas a estar tú, a final de cuentas. Sigue manteniendo contacto con él.

Yo te dije anteriormente que el servicio post-venta es muy importante para tus clientes, creo que también es muy importante para la gente que aún no es tu cliente, que sigue siendo tu prospecto. Hoy en día existen muchas herramientas tecnológicas que te pueden ayudar a que no pierdas tiempo en esas cuestiones.

Contrata un sistema de marketing por e-mail y una vez al mes, programa todos los correos que vas a mandar de cumpleaños, a tus prospectos y a tus clientes, o que lo haga tu asistente, si acaso tienes asistente en este momento. Pero hazlo, y una vez al mes, manda información de valor, no mandes información para vender, te van a tener presente en todo momento, en Navidad, o en fechas importantes, mándales un mail, sigue presente, entonces, ¿cuántos beneficios has sacado hasta ahora? Ya obtuviste referidos, ya obtuviste más seguridad, pues te diste cuenta que no fuiste tú el problema, sigues teniendo un prospecto, que seguramente en algún momento, se puede volver cliente. Estás obteniendo beneficios de una situación que teóricamente es adversa. Observa lo positivo en todo lo que hagas. Mantente siempre en su mente. Que se dé cuenta, que a pesar de no haberte comprado. Sigues interesado en él y en su crecimiento personal o profesional. Y en el momento que te necesite, o en el momento que él sepa de alguien que requiera tu producto o servicio, él va a decir, márcale a Ricardo, aquí tengo sus datos, es más, me mandó un correo la semana pasada y aquí lo tengo. Qué sencillo, qué fácil fue volverme a contactar y me refirió. Yo te puedo comprobar que eso funcionó porque a mí me ha sucedido. Gente que no me ha contratado, me ha referido a personas, y ahora, son mis clientes personales, en mis sesiones personales, y es gente que no me contrató, y me está refiriendo gente. Que bien ¿no? Que te empiece a llamar gente por sí misma. Yo me sorprendí de cómo gracias a Dios me caen los clientes solos. Recuerdo cuando inicié, hacía llamadas y llamadas, buscando clientes. Hoy con las herramientas tecnológicas he logrado hacer una base de datos que me ha ayudado a seguir en contacto con ellos. Y de repente ves que gente te responde los correos que mandas, y dicen, oye, muchísimas gracias, sígueme mandando esta información, gente que ya te había dicho que no, perfecto, te seguiré mandando la información. No me cuesta nada, lo hace el sistema. A mí, lo único que me costó en un principio es subirlo a la plataforma, generar sus datos en la plataforma, y ni siquiera los ordeno yo, lo hace alguien que me apoya, entonces, a mí no me costó nada, hazlo tú, lo puedes hacer, hay sistemas que lo hacen, y lo hacen por ti, y lo hacen muy bien. Sigue confiando en ti, es importante.

Muy bien, ya para terminar el capítulo, solamente te quiero compartir algunos tips para ser más positivo, y que confíes más en ti, subráyalos:

> **Uno:** Confía en ti mismo, cree en ti, en lo que eres, en lo que sabes. Vas a estar en frente del cliente, y tú vas a estar seguro, vas a estar en frente del cliente y tú sabes lo que le vas a decir, tú sabes más que él de lo que le estás ofreciendo, eres el experto.
>
> **Dos:** Tú mereces cosas buenas, te mereces lo mejor, no hay razón por lo que no te lo merezcas, la vida te lo ofrece, te ofrece lo mejor, está en ti agarrarlo, el ser positivo y elegir ser positivo en

todos los aspectos, en cada situación de tu vida, está solamente en ti.

Tres: Recuerda momentos buenos del pasado donde pudiste resolver situaciones, y en donde lograste cosas importantes. Esos momentos del pasado te van a llevar a que digas, oye, si ya en el pasado lo logré, ¿cuál es la razón por la que no lo puedo lograr esta vez? Entonces recuerda momentos del pasado personales o profesionales que te ayudaron a salir de una situación conflictiva.

Cuatro: Apunta alto, ya hemos hablado sobre una frase que dice "si le apuntas a la luna, en caso de que falles, seguramente vas a quedar alrededor de las estrellas".

Cinco: Enfócate en lo que depende de ti. Lo que no depende de ti, no está en tus manos y te va a generar estrés. Tú no puedes resolver lo que no depende de ti, enfócate en lo que sí depende de ti cien por ciento.

Estos cinco puntos, te van a ayudar a ser más positivo.

 Te voy a pedir que en este momento te tomes un tiempo y escribas los diez prospectos más importantes para ti. Llámales, llámales, quítate ese miedo, ya obtuviste seguridad, sabes cómo obtener beneficios ante cualquier rechazo, confía en ti, háblales en este momento. Recuerda eventos de tu pasado en donde lograste algo grande y te sentiste extremadamente seguro de ti mismo. Los diez prospectos más importantes. Te reto a que lo hagas, estoy seguro que lo vas a lograr.

> *"No encuentres la falta, encuentra el remedio".*
> —Henry Ford

¿Dónde y cómo obtener más y mejores prospectos?

"Al bien hacer jamás le falta premio".
—Miguel de Cervantes

VAMOS A HABLAR un poco del pan de cada día de un vendedor, el obtener prospectos, nombres, teléfonos, es dirigirnos con las personas ideales para nuestro producto o servicio.

En este trayecto, de los seis capítulos que componen este libro, tú has aprendido en el primero, cómo definir una meta, definiste una meta específica y lograble. En el capítulo dos, has aprendido a administrar tu tiempo para generar más ingresos. En el capítulo tres, pudimos ver el proceso de la venta, paso a paso, cuál es el proceso ideal de la venta, adaptado a tu forma de ser, de tu estilo de vida. Y en el cuarto capítulo, vimos cómo confiar en ti, y obtener beneficios ante el rechazo de un cliente. Hablamos un poquito de cómo obtener esos beneficios de cualquier rechazo, de cualquier "no". Ahora veremos cómo conseguir más y mejores prospectos. Para después pasar a diseñar tu estrategia para lograr una llamada exitosa.

Espero que mientras has estado leyendo este libro, hayas podido hacer algo para avanzar rumbo a tu meta, la cual definiste en el primer capítulo. Te felicito, porque estás aquí, ya estás en el último capítulo, estás a punto de terminar este libro. Es una recopilación de información que he tenido la oportunidad de obtener gracias al apoyo que le he dado a muchos vendedores exitosos.

Como coach de vida y coach ejecutivo he tenido la oportunidad de enriquecerme de estrategias, de formas de trabajo, de planes de acción, he encontrado cuáles son los miedos principales de los vendedores, y estrategias que ellos han utilizado para salir adelante y superar esos miedos. Todos esos conceptos los he plasmado en estos seis capítulos, precisamente, para apoyarte también a ti, que quizá no he tenido la oportunidad de conocerte personalmente y espero en algún futuro tengamos esa oportunidad.

Iniciemos hablando un poquito sobre la importancia de los prospectos. Como bien decía, el pan de cada día es conseguir prospectos y, sobre todo, tu materia prima. Tu materia prima es conseguir gente, conseguir personas que puedan ser clientes tuyos. Una de las principales razones por la que muchos vendedores se sienten frustrados, es porque no tienen gente, no encuentran a quien venderle. Pero la mayoría de las veces, la verdadera razón por la cual no tienen a quien vender es porque no buscan. Y si buscan lo hacen con la intención de no encontrar, para no tener que enfrentarse a un nuevo reto.

El Spa de las Ventas

Yo te voy a enlistar más de treinta y cinco formas de obtener prospectos, opciones que he recopilado de mis diferentes clientes. Las cuales les han funcionado para impulsar su carrera a otro nivel. Quizá algunas las encuentres muy atrevidas, ya tú sabrás si vas por todo o esperas a que las cosas sucedan. Lo importante es que tu tengas todas esas opciones, y ya teniéndolas, ahora sí, cuáles de esas opciones vas a identificar que son las mejores para ti, en cuáles de esas opciones vas a ponerte a trabajar para que realmente obtengas más prospectos.

Como hemos dicho, todos somos diferentes, y a cada uno de nosotros nos gusta hacer cosas diferentes. A la mayoría de los vendedores no les gusta pedir referidos. Yo te puedo afirmar que de todos los vendedores a los que he conocido, a más del noventa por ciento no les gusta. Entonces, si tú estás pensando, oye Ricardo, pues sí, pero es que a mí no me gusta eso, eso no es lo mío, no se me da. Pues no se te da ni a ti ni a ninguno, no se le da a nadie. La diferencia entre un vendedor exitoso y uno que aún no lo es, reside en que él exitoso ha tenido el valor de enfrentar ese miedo, el valor de enfrentar esa creencia, y la ha cambiado, la ha superado. Y no quiere decir que no le vuelva a entrar el miedo con otra persona. La diferencia aquí es el valor para enfrentarlo, el valor para que no te importe lo que vayan a pensar y vayan a decir de ti. Gente hay en todos lados, y en todos lados hay prospectos, sin embargo, no se trata solo de agarrar al primero que te topes, no se trata de tener números de teléfono, se trata de encontrar los indicados y para esto hay que buscar en los lugares indicados. Por ejemplo, si eres un asesor financiero que busca clientes grandes para obtener más ingresos y a la vez trabajar menos es obvio que necesitas buscarlos en donde ellos se mueven. Si tu intención es vender volumen, órale, adelante, aquí depende de lo que tú quieras. Yo aquí voy a hablar en general de las opciones que existen para que tú tomes la que más se acomode a ti.

Lo primero que tienes que hacer es llevar un registro, sí, recuerda muy bien, tienes que llevar un registro de tus visitas, vaya, un registro de con cuánta gente estás en frente. Ponte un objetivo, pueden ser dos personas al día, tres personas al día, cuatro personas al día, el objetivo que tú quieras. Debes contabilizar y llevar ese registro, es muy importante para que te des cuenta realmente de qué estás haciendo, si no llevas un registro de lo que estás haciendo día a día, va a ser muy difícil que te des cuenta qué es lo que no está funcionando, o lo que sí está funcionando. Registra todo, que si estás en un desayuno con una persona, o estás en una comida con una persona, vas a jugar golf con una persona, estás en una cita con alguien, estás visitando a un cliente para entregarle un producto o servicio. Todos los días, apunta, a cuántas personas viste en el día, con cuántas hablaste de frente de tus productos y servicios. A cuántas personas viste, apúntalo, lleva un registro. Al final del mes te vas a dar cuenta, oye, visité doscientas personas en el mes. Entonces poco a poco puedes ir definiendo, cuánto vale cada cita con esa persona en base a lo que vendiste durante el mes. Tus clientes son la principal fuente de encontrar prospectos, son tu mina de oro, ahora mi pregunta aquí es, ¿estás haciendo algo con tus clientes para encontrar esos prospectos? Si no lo estás haciendo, estás perdiendo el tiempo.

Terminando este capítulo, lo primero que debes hacer es ir con un cliente de alguna u otra forma presentarte con él, no tienes que ir a pedirle solo referidos, no, habla con el cliente, invítalo un café, invítalo a comer, sal con él, habla con él, en la conversación saldrá algo y debes obtener prospectos de esa conversación. Tus objetivos en esa conversación van a ser dos, la primera es hacer más relación con él/ella y dos, obtener más prospectos. Al hacer relación, estás generando mayor confianza, estás generando mayor servicio, y a la vez, eso te va a ayudar para obtener prospectos. Y utiliza la famosa regla 80/20 que tanto me gusta usar a mí en diferentes contextos. Enfócate primero en el veinte por ciento de tus clientes que te hacen el ochenta por ciento de los ingresos. Esos clientes seguramente te van a llevar a clientes del mismo nivel. Define una agenda hoy mismo de, a cuantos clientes vas a visitar en el este mes, cuántos clientes de ese veinte por ciento que te genera el ochenta por ciento de los ingresos vas a visitar cada semana.

Y no estoy diciendo que no le des servicio al cien por ciento de tus clientes, todos merecen el mismo servicio, sin embargo, el veinte por ciento te puede llevar a clientes de mayores ingresos, de mayor capacidad para poderte comprar tu producto o servicio en mayor cantidad.

Ahora voy a hablarte de cuáles son las treinta y ocho opciones de las que te hablé. Estas opciones son para que tú las puedas utilizar y te enfoques en hacer varias de ellas, no quiero que te abrumes con esta información, enfócate y define cuales vas a utilizar primero. Porque si no te enfocas, no vas a hacer nada, entonces, ponle numerito, ponle fecha de cuándo vas a empezar a hacer esto, prográmate y empieza a trabajar.

La primera, sin ser la más importante, es a través de centros de influencia. ¿Qué son los centros de influencia? Es una persona que conozca a mucha gente, que te pueda referir a más prospectos y de calidad. Centros de influencias pueden ser amigos tuyos, familiares tuyos, alguna persona que trabaje en algo donde conviva con mucha gente, gente que conozca mucha gente, básicamente. Esos son los centros de influencia. Gente que trabaje en un gimnasio, en la recepción de una oficina, en una empresa que te contacte con sus demás compañeros. Esos son los centros de influencias. Entonces, busca centros de influencias, y busca la forma de cómo te puedes beneficiar tú y cómo se puede beneficiar él de apoyarte, busca esas opciones, para generar más prospectos. Uno, **centros de influencia**.

Dos, **por medio de familiares**, ¿A qué me refiero por medio de familiares? Estos pueden ser también centros de influencia. Los familiares normalmente te quieren ayudar y cuando alguien te quiere ayudar lo hace de manera más sincera, entonces, por medio de familiares puedes obtener más prospectos, tus amigos, tus conocidos, tíos, primos, muchísimos. Muchas veces no nos metemos en la familia porque no queremos molestarlos, pero volvemos a lo mismo, ya habíamos hablado en capítulos anteriores, que tú no estás molestando a nadie, nadie te está haciendo ningún favor.

Otras de las opciones, ya lo hablamos, es con tus **mismos clientes**, encuentra más prospectos.

La cuarta opción, **en las citas**. En todas las citas que tengas, no te olvides por favor, jamás, de pedir referidos, de obtener prospectos. Independientemente si ya te compró, si ya lograron iniciar un nuevo negocio juntos o de cualquier cosa. Hemos hablado de que mucha gente no pide referidos en la primera cita, que no les conviene o por creencias. Vuelvo a lo mismo, elimina esas creencias, no importa. El hecho de que una persona con la que estás en frente no te ha comprado, o no te compró, no quiere decir que sus amigos, familiares o conocidos tengan necesidades diferentes a él. Entonces, en las mismas citas, aprovecha, estás enfrente de alguien y tienes que aprovecharlo. ¿Cómo hacerlo? A tu estilo.

Otro, **recordando personas de tu pasado** ¿Dónde puedo obtener más prospectos? Recuerda dónde estuviste en la secundaria, en la prepa, en la universidad, recuerda, en el transcurso de tu vida has conocido a mucha gente. Te aseguro que hay mucha gente que consideraste buenos amigos en tu prepa, en tu carrera, en secundaria, que hoy ya no ves, pero en su momento los consideraste buenos amigos. Recurre a ellos.

Seis, **cuando te feliciten**. Cuando un cliente o un prospecto te felicita, ya sea por correo o personalmente, en ese momento es un excelente momento para pedir referidos. ¿Por qué? Porque la persona te está felicitando, la persona está hablando bien de ti, la persona en ese momento está satisfecho con lo que tú le ofreciste, ahí es cuando sacas prospectos, ahí es cuando le dices ¿Me podrías dar los nombres de tres personas que crees se pueden beneficiar con mi producto/servicio? Ese es un momento crucial, cuando te felicita, porque es el mejor momento para pedirlos, ahí no te pueden decir que no.

Siete, **cuando das un buen servicio.** Es un momento muy importante para pedir referidos, porque les estás haciendo un bien, ellos están contentos contigo y te están agradecidos sobre todo. Cuando tú das un buen servicio, te están agradecidos, al estar agradecidos, se van a sentir en deuda contigo, y es un momento donde vas a obtener referidos sin ningún problema. Nada más no dejes que pase el tiempo, acuérdate.

Muy bien, otro, en una **llamada de un cliente**. Cuando un cliente te llame a ti, y te pregunte por algo, de cierta forma le estás dando un servicio. En ese momento, también es un momento indicado. Cuando un cliente te hable para algo.

Otro, **con tus amigos**, al igual que con los familiares, muchas veces no queremos ir con nuestros amigos porque sentimos o creemos que nos van a juzgar. Si realmente son tus amigos, son las personas que más te pueden ayudar porque te aprecian y se preocupan por tu bienestar. Debes recurrir a ellos, y ahí es donde más fácil te debes de desempeñar, porque hay confianza.

Otra, **en un club**, hay clubs gratuitos, hay clubs de pago, lo que esté a tu alcance. Invierte en conocer gente, sé que nos cuesta hacer algo nuevo o algo en lo que nunca hemos "gastado". Si lo aprovechas al máximo te darás cuenta que es una inversión y no un gasto. Si es importante estar en un club de algo, en un club donde conozcas gente, donde convivas con personas nuevas.

Siguiente, **invitando a clientes** a algún lado. Hablábamos hace rato, invítalos a un café, invítalos a comer, invítalos a platicar, a una cena, a una fiesta en tu casa. Los clientes se van a sentir contentos de eso, y mientras tanto tú estás creando relaciones externas de amistad. Entre más relación y más vínculo exista entre tú y tus clientes, más te van a recomendar ellos, y más van a estar agradecidos con tu servicio, con tu apoyo, entonces, invita a los clientes, de la nada y sin ninguna razón márcales y diles, oye, te invito a comer, te invito a un café, invítalos.

Además, con **contactos en empresas**. Si tú tienes amigos, conocidos, o incluso gente que no conozcas, que tú digas, esta persona me puede ayudar, trabaja en una empresa muy grande, un puesto clave, ve, preséntate con esa persona, dile, mira traigo esto. Le puede servir a todos los empleados de la empresa, o le puede servir, personalmente o como empresa, de dos formas, y busca la forma de que él te pueda ayudar a llegar con todos los empleados o con muchos de ellos. Por lo general, esas personas se encuentran en el área de recursos humanos, puedes llegar con alguna gerente o empleado de una empresa a quien tú conozcas y pedirle su apoyo.

Otra **en el gimnasio**. Qué importante es un gimnasio, a lo mejor ésta ya te la sabes. El principal objetivo ahí es hacer ejercicio para que obtengas más energía. Sin embargo, es una excelente oportunidad para crear relaciones fuera de una oficina. Asiste regularmente y trata de ir a la misma hora para que conozcas a la gente que va en esos horarios y puedas generar confianza. Después cambia de hora para conocer a más gente y generar nuevas relaciones. El gimnasio es una fuente muy importante para obtener prospectos. Todas estas opciones que te estoy dando, han salido de otros vendedores a los que les ha funcionado. Quizá ya las sabías o ya se te habían ocurrido, pero acaso ya las utilizaste todas. Lo importante es que estas opciones que te doy las tengas muy frescas y que aproveches las oportunidades y que mejor que tú crees las oportunidades. A ellos les ha funcionado. No hay razón por la que a ti no te funcionaría. Solo debes tomar acción.

Seguimos con otra que es, **asistir a todos los eventos**. Oye, hay una fiesta, hay una reunión, hay un coctel, lo que sea. Ve, ahí vas a conocer a gente, ahí hay gente. Tú tienes que andar donde anda la gente, no hacerla de ermitaño en la oficina, tienes que andar donde está la gente, y no digo que te pases toda la semana en las noches de fiesta y discúlpame mi amor, no voy a poder estar toda la semana en la noche porque ando trabajando, no hombre, esa ya me la sé. Hay muchos que así lo hacen. Todo evento en donde puedas conocer gente, ve.

Que importa si eres joven o no tan joven las **redes sociales**, te pueden dar un impulso muy fuerte pues puedes dirigir muy bien tu mercado meta. Qué importante hoy en día son las redes sociales, qué importante es saber cómo utilizar estas herramientas hoy en día,

El SPA de las Ventas

Facebook, LinkedIn, Google+, Twitter, etc. Aún existe en mucha gente la creencia de que por ahí no se puede vender, pero por supuesto que se puede, claro que se puede, tan sencillo como que es muy probable que tú que estás leyendo este libro, llegaste a mí y me conociste gracias a las redes sociales, gracia a un correo que te envié, o te mandó alguien más, gracias al Internet. Debemos de usar la tecnología y explotarla al máximo. Contrata a expertos que te apoyen en diseñar la estrategia en redes sociales. No lo intentes hacer tú mismo pues vas a perder mucho tiempo y si no le sabes bien no vas a tener los resultados que quieres, invierte en alguien con experiencia. Hay que superarnos, hay que cambiar, hay que aprender. Y a veces tú me puedes decir, es que a mí no me gusta mucho meterme en eso, pero no es de que te guste es de que te conviene. Hay empresas que se dedican a llevarte tu cuenta de Facebook, de Twitter, de LinkedIn, claro que lo puedes obtener. Las redes sociales son importantísimas, hoy están creciendo muchísimo. En las redes sociales hay que hacerlo de una manera correcta, hay que hacerlo de una manera que generes valor. Si tu empiezas a escribir en tus redes sociales, oye, te vendo esto, te vendo lo otro, o estos son los productos que yo manejo, olvídate por favor, lo primero que van a hacer es que te van a borrar, no lo puedes hacer así, esa no es la forma de llegar a la gente, tienes que generar valor, escribir artículos, mándales información valiosa para las personas, buscando servir primero para después lograr el objetivo final de vender ¿Por qué? Porque hay que lograr que lean lo que pones, entonces, si tú les mandas información de valor, ellos van a empezar a confiar en ti. Semana con semana, mes con mes, y te van a buscar. Redes Sociales.

Otra es organizar **reuniones de generación**. Oye, ¿por qué no? Vamos a organizar una reunión con los líderes de tu generación de la carrera, o de la prepa, o de la secundaria. Vamos a organizar una reunión. Ahí vas a ver a toda la gente con la que conviviste hace muchos años. Si haces una reunión de generación, qué mejor momento para obtener prospectos. Lo que te va a "costar" va a ser el tiempo, pero es inversión, estás invirtiendo en prospectos, te va a "costar" algo de tiempo, porque al final de cuentas, la reunión la organizas y cada quien paga lo suyo. Ahí busca la manera de cómo obtener sus datos y ahora sí de ahí adelante. Muéstrate, sé uno de los organizadores para que la gente se acuerde de ti y resaltes para los demás.

Otra, **los cumpleaños**. Marca los cumpleaños de las personas, ve a fiestas, vaya, esta opción es muy similar al de asiste a todos los eventos, los cumpleaños son importantes. Y en tu cumpleaños también puedes hacer una fiesta, invitar a gente nueva.

Además, otra opción que quizá a muchos les va a gustar, a otros no, a muchos se les acomoda, otros no, sin embargo, sigue siendo una opción factible y que sigue generando ingresos para muchos vendedores. Si, hablo de las famosas **llamadas en frío o acercamientos en frío**. Llegar con una persona a la cual no conoces y sacarle plática, si de entrada crees o te da la corazonada de que puede ser buen prospecto. Aviéntate y ofrécele tu tarjeta, tienes mucho que ganar y nada que perder. A final de cuentas en la vida nos vamos a terminar arrepintiendo por las cosas que dejamos de hacer por miedo.

Siguiente, **sal**. Los fines de semana sal, vete a pasear a un centro comercial, que te vea la gente. Hay mucha gente conocida caminando en centros comerciales y ahí es buen momento para, toparte y saludar gente a la que quizá tengas mucho de no ver y se te ocurre hablarle. Podría ser buen momento para crear otra vez un vínculo con alguien, entonces, **salir los fines de semana**.

Expos. Pon un stand o ve a las expos sin poner stand y reparte tarjetas. Ahí todos están repartiendo tarjetas, puede ser una opción, no digo que sea lo mejor, una opción más, estar en expos, ya sea repartiendo tarjetas o poner un stand en forma. Solamente crea confianza, genera que digan, oye, esta persona nada más me asesoró y no me vendió nada, que bueno. Al ratito te va a volver a hablar porque confió en ti porque le diste un buen servicio. Entonces, expos.

También, que tus **clientes inviten a sus amigos**. Habla con tus clientes en quienes confíes más y pídeles que te apoyen. Diles que tú lo invitas a comer y pídele que a esa comida lleve a un amigo(a) con la única intención de conocerlo. Tú los invitas a comer, o los invitas a un café, como tú quieras, pero, que tus mismos clientes inviten a amigos. De esa forma vas a conocer a nuevas personas y te van a ver bien pues los invitaste. Y estas creando un compromiso y confianza con ambos.

Alguna vez en una sesión de grupos de seguros, alguien dijo, no, yo hago algo muy singular, invito a un amigo, que es mi cliente y lo utilizo de palero. ¿Cómo que de palero? Todos gritaron. Sí, tengo confianza con ese cliente, de cierta forma ya he hecho buena relación, y le digo, oye, ayúdame. Tu saca el tema y di que yo traigo muy buen servicio, que te he asesorado muy bien, entonces, estaba hablando de otra cosa, de repente dice, oye, pues fíjate que fulanito se dedica a esto y es mi asesor, y me ha asesorado muy bien, un asesor muy bueno. Lo más seguro que te pregunten algo sobre tu producto o servicio. Ahí en ese momento tú ni siquiera hablas de lo que haces, tratas de evitar el halago y dices; Después hablamos de eso, ahorita venimos a convivir mejor me regalas tu tarjeta y después te marco. Ya conseguiste un prospecto sin ningún problema. Gracias a un cliente de "palero".

Siguiente, si tienes hijos, ahijados, o sobrinos puedes aprovechar en las **áreas de juegos** de los restaurantes o fiestas. Si tú tienes niños, aprovecha las áreas de juego. Siempre están los papás ahí pajareando nada más, viendo que hacen mientras los niños están jugando, ¿no? Y en algún momento para sacar conversación de algo, inicias una plática y pregunta a que se dedica para que te pregunte de regreso.

Otra, muy importante también, es **que todos sepan a qué te dedicas** de alguna u otra forma. Si estás en un grupo de padres de familia, si estás en un grupo de la iglesia, si estás en un club, que sepan a qué te dedicas. Es importante. En el momento que venga una necesidad, pueden recurrir a ti.

Sinergia. Sí, hacer sinergia con empleados de empresas, con amigos, con alguien que emprenda un negocio, que les pueda servir a tus clientes o entre tú y el cliente, y generar incluso, sinergias entre tus mismos clientes. Oye, tú sabes que si tienes un cliente que se dedica, vamos a suponer, a poner puertas y tienes otro cliente que sabes que está construyendo una casa nueva, bueno, genera una sinergia entre ellos, genera un contacto entre ellos. El que vende puertas te lo va a agradecer infinitamente porque le estás dando un cliente, y el que está haciendo la casa también te lo va a agradecer porque le estás dando una opción más, entonces, genera entre tus clientes que hagan un Networking, y que entre ellos también haya esa sinergia, y eso lo puedes organizar de muchas formas, puedes organizar eventos para que se conozcan entre ellos y que entre ellos puedan intercambiar tarjetas. Para ellos también es bueno, es prospección para sus negocios. Sinergias entre tú y otras personas, entre tú y gente que maneje algo que se complemente con tus servicios. Y generar que entre tus clientes se hagan relaciones de negocios, eso te va a generar muy buenas relaciones, te va a generar agradecimiento y a final de cuentas te va a traer prospectos.

La siguiente, con **subagentes.** Hay quienes tienen gente que los apoya a ofrecer sus productos o servicios, Lo puedes hacer ofreciendo una comisión, hay quienes le dan un sueldo, cada quien. Puedes manejar una especie de subagentes o sub vendedor para que te genere más prospectos, y que te generen nuevas entradas a tu negocio.

También **integrarte en cursos de buen nivel**. Hay muchos tipos de cursos hoy en día, sí, hay cursos de hablar en público, hay cursos de tecnología, hay cursos de administración, hay cursos de todo tipo. Intégrate en algún curso donde creas que puede haber buenos prospectos y ahí generar prospectos de mayor calidad. Inscríbete e invierte en cursos, ahí vas a conocer a más gente.

La siguiente es por medio de **bases de datos**, consigue bases de datos de alguna forma con conocidos, en empresas, etc. Claro que las bases de datos también es una venta en frío. Y conozco a muchos vendedores que consiguen bases de datos y generan muchos ingresos para ellos y sus compañías. Si yo sé que esta opción a muchos no les gusta, sin embargo, sigue siendo una excelente opción para generar ingresos.

Otra es **utilizando a tus mejores clientes**. Los mejores clientes te van a llevar a prospectos de mayor calidad, a prospectos de su mismo nivel por lo menos, no te van a recomendar a alguien de más abajo, te van a recomendar a alguien de su mismo nivel o alguien más arriba, obviamente. Si diriges bien la forma de pedir referidos, díselo, acuérdate que viste en un capítulo anterior, en donde hablé sobre conseguir referidos, de pedirles gente igual a ellos, o más exitosos que ellos. ¿Cómo lo puedes hacer para que no se sientan mal? Muy sencillo, pregúntales que te den los nombres de

El SPA de las Ventas

tres personas que ellos consideren muy exitosas y que conozcan.

Eventos sociales, es otra, **todo tipo de eventos sociales**, y sobre todo eventos sociales donde crees tú que va a ir gente que puede invertir en tu producto o servicio.

Otra es, **prospectos fuera de la ciudad**, no te englobes solamente en tu ciudad, no te englobes en tu círculo, no, en todas partes puedes vender un servicio, seguramente, en la compañía que estás es una compañía global, entonces, en todas partes puedes vender, busca prospectos ahí fuera de tu ciudad, no te centres solamente en tu ciudad. Hay ciudades pequeñas que están vírgenes y que no conocen tus productos o servicios, en donde hay una oportunidad inmensa para crecer y generar ingresos. Ahí también puedes conseguir prospectos. No te centres sólo en tu ciudad.

Hacer un seminario. Sí, hacer un seminario, hacer una plática. Al hacer una plática la gente te va a ver diferente, los estás asesorando, les vas a dar información valiosa. Ahí vas a obtener prospectos, que después les podrás vender personalmente, hacer una plática o un seminario. Te puede generar que las personas que vean como un líder de opinión y eso vale muchísimo.

También podemos **organizar algún torneo**, de golf, un torneo de fútbol, dependiendo de lo que a ti te guste, en donde creas que puedes conseguir muchos prospectos. Si no sabes cómo, júntate con alguien que sí sepa y apóyate de esa persona, pero organiza un torneo.

Otra es **aliarse con vendedores de productos afines**. Esto se da mucho entre asesores financieros y asesores de seguros ¿Por qué?, Porque muchas veces los asesores de seguros no pueden ofrecer exactamente lo que busca el cliente y hacen una alianza con otra persona que se dedica exclusivamente a asesoría financiera y viceversa, las personas de asesoría financiera, a veces, no puede ofrecer los productos o servicios que ofrecen los asesores de seguros, y se están compartiendo clientes. Esa es importante.

Puedes también **organizar una fiesta para tus clientes**, exclusiva para tus clientes, si, una posada o algo así genera esa confianza y crea compromiso. Ojo, ahí lo importante en organizar las fiestas es que inviten a sus amigos. Tu organizas una fiesta, tus clientes puedan invitar uno o dos amigos, para que te conozcan.

Y la otra es, **visualmente, en donde estés**. En donde estés, no le tengas miedo a nada. Si ves una persona que trae un buen carro, que va bien vestido, acércate y ofrécele tus servicios. ¿Qué es lo peor que te puede pasar? Acércate, anímate, piérdele el miedo, probablemente te puede salir un muy buen negocio, y lo peor, es que te digan que no lo estés molestando. Te haces para un lado. Pero vaya, tienes mucho que ganar, atrévete, atrévete donde estés. Si ves una persona que consideras que puede ser un buen prospecto, no pierdas el tiempo, acuérdate que tú, en tu trabajo, tu materia prima son los prospectos, la gente. Tienes que estar en la calle abierto a todas las posibilidades, y si ves algo, atrévete.

El SPA de las Ventas

Muy bien, estas fueron las opciones de las que te hablaba, espero las hayas apuntado, para que después, como bien te dije, las enumeres y vayas haciendo una por una y no las dejes en el cajón, comprométete contigo mismo a irlas haciendo, esto te va a ayudar a llegar y lograr tu meta.

¿Cuál vas a hacer primero? Terminando este capítulo te voy a pedir que las enumeres. ¿Para qué? Para que realmente las hagas. No las guardes ahora en el cajón, espero que ya las hayas apuntado.

Te voy a dejar con un reto, a mí me gustan siempre los retos porque considero que son pequeños escalones para llevarnos a la meta final. Ahí te va: define cuáles serán las dos opciones que vas a hacer en los próximos siete días para obtener más y mejores prospectos. ¿Cuáles dos, vas a utilizar en los próximos siete días?

Te dejo con una última pregunta ¿Qué estás haciendo hoy diferente que no estabas haciendo hace un mes para obtener más y mejores referidos? Es una pregunta para ti, para que la analices y para que de verdad hagas algo por tu meta, por tus objetivos, por tus ingresos, por tu éxito, por tu vida.

¿Cómo lograr una llamada exitosa?

> *"Así como el hierro se oxida por falta de uso, también la inactividad destruye el intelecto".*
>
> —Leonardo Da Vinci

AHORA SÍ, INICIAMOS el último capítulo de este libro. Muchas felicidades, de verdad que el hecho de que hayas llegado hasta acá, a este sexto y último capítulo me dice que eres una persona que realmente quiere lograr lo que se propone y que esa meta que definiste en el primer capítulo la vas a lograr con base a lo que tú vayas creando día con día, semana con semana los retos que te vayas proponiendo constantemente. No cualquiera llega hasta el sexto capítulo, mucha gente hace la inversión en este tipo de libros y terminan por dejarlo en el segundo, en el tercero, etc. Y se quedan ahí guardados en el cajón, a veces ni los vuelven a ver. Tú ya estás aquí, tú ya lograste llegar hasta acá y te felicito.

En este capítulo, vamos a hablar sobre cómo lograr un éxito en cada llamada.

Algo muy importante y básico en las ventas es hacer llamadas a prospectos, quizás la llamada sea lo que más nos cuesta dentro de un proceso de ventas. Te digo esto porque lo he visto a través de los años con diferentes estilos de vendedores. No te hablo de solamente los vendedores nuevos, te hablo de los vendedores consolidados, vendedores exitosos que están dentro de los primeros diez vendedores de compañías en México. Aún a ellos les cuesta mucho hacer las llamadas. Por alguna razón como personas tenemos ese miedo, esa limitante de hacer las llamadas porque pensamos que estamos pidiendo algo, pensamos que estamos pidiendo un favor a aquellos que nos van a contestar. Y como lo he dicho en capítulos anteriores es muy importante que sepas que lo que tú haces es un beneficio para tu prospecto. Es un beneficio para su tranquilidad y su paz. Si eso no te lo metes bien en la cabeza es muy difícil que te sientas seguro y confiado al momento de hacer una llamada. Métete bien eso en la cabeza, lo he repetido muchas veces, tú eres un vendedor, tú eres alguien que le va a dar un valor agregado a este prospecto a quien le vas a llamar. No le estás pidiendo ningún favor a nadie. Métetelo bien en la cabeza y grábatelo. Si tú crees verdaderamente que tu producto o servicio le va a dar una solución a tu prospecto, no existe razón para pensar que somos una molestia. Cada vez que vayas a hacer una llamada, recuerda bien todos los beneficios de tu producto o servicio y hazte consciente de eso para sentirte más seguro de ti mismo(a) al hacer la llamada.

Llegamos al último capítulo, no quiere decir que este capítulo no sea importante, al contrario, considero que es uno de los que te generarán mayores ingresos y ésa fue la razón para dejarlo al final. Cada persona que vie-

El SPA de las Ventas

ne conmigo tiene una meta diferente, tienen estrategias distintas para lograr sus metas, también tiene valores diferentes que los impulsan a lograr lo que quieren. Yo trabajo personalmente con cada uno de mis coachees, trabajo con cada uno de ellos para ver cuáles son sus necesidades. ¿Qué necesita para lograr esa meta que él mismo se planteó? Trabajamos en sus miedos y en sus inseguridades, en sus creencias limitantes, esas creencias que traemos todos desde chicos, que nos limitan a llegar a donde queremos llegar. Hay que ver las cosas positivas, y yo trabajo mucho en eso, así como en planes de acción exclusivos para mis coachees, todo dependiendo de la forma de ser de cada uno de ellos. Por ser este un libro, me será imposible trabajar directamente contigo en este momento. Sin embargo, estoy seguro que harás algo exclusivo para ti con la información que aquí se presenta.

Hay muchos puntos en cuestión de las llamadas, que si tienes que hacer un "speech" genérico, diferente. ¿Cómo vas a lograr el éxito? Y, primero que nada, tienes que tener muy claro cuál es el objetivo de tu llamada. El objetivo, recuerda, no es ni para presentarte, el objetivo no es para que sepan de ti, el objetivo no es que sepan de tu negocio o sepan de tu despacho, el objetivo es **conseguir la cita**, el objetivo es lograr sentarte en frente de esa persona, tú tienes que tener muy claro en tu mente que tu objetivo es conseguir la cita, y no vas a querer conseguir otra cosa en esa llamada; existen puntos importantes, los cuales te voy a compartir. Para que logres hacer un "speech" ideal y específico para tu estilo y con tu estrategia. Además, voy a platicarte sobre doce puntos importantes para lograr una llamada exitosa.

Cuando haces una llamada, el reflejo de tu voz en muy importante para lograr un verdadero impacto en quien te está escuchando. El tono de tu voz es mucho más importante que las palabras que dices. La seguridad que proyectas será un factor importante para lograr tu objetivo de obtener la cita. Hablaré también sobre las famosas objeciones, hay unas muy comunes y es importante saber identificarlas para hacer algo contra esa objeción. Para que al final de cuentas logres la cita que estás buscando.

La llamada ideal no debe durar más de un minuto o minuto y medio, no debe durar mucho tiempo. Recuerda que tú tienes un objetivo y vas sobre eso. Hay vendedores que toman el teléfono y empiezan a llamar a lo loco, sin una lista, sin una libreta, sin una pluma. Te puede funcionar, no te digo que no te funcione, algunos las hacen en el carro, algunos las hacen esperando otra cita, vaya, puede funcionar, sin embargo, lo ideal es que tú definas, dónde, cómo lo vas a hacer y definas cuándo lo vas a hacer.

Lo primero que quiero que definas es un bloque de tiempo sin interrupciones, en ese bloque de tiempo tú te vas a dedicar exclusivamente a sacar citas, puede ser media hora, puede ser una hora, pueden ser dos horas, lo que tú quieras. En diferentes empresas a esta actividad la llaman maratón de llamadas o clínica telefónica. Pero el nombre no importa lo que sí importa es que hagas una "burbuja" de tiempo en tu calendario para

El SPA de las Ventas

que estés exclusivamente enfocado en hacer tus llamadas. Dile a las personas que están a tu alrededor que por favor no te distraigan, dile a tu asistente si es que tienes que atienda todas las llamadas o pendientes. Apaga tu celular (a menos de que tus llamadas las hagas desde ahí) o pasa tu celular a alguien que te lo pueda contestar, pero tú no te distraigas, con los mensajes y chats del celular. Recuerda tú estás enfocado en lograr esas citas. Revisa en tu calendario dos fechas disponibles pues al momento de pedir la cita, tú vas a proponer el día y la hora, él va a decidir. Acuérdate que TÚ manejas tu agenda no tus clientes. Definitivamente debes tener un "speech" preparado, (más adelante hablaré sobre los puntos del "speech") donde tú te sientas cómodo y seguro al momento de hacer la llamada.

Como ya lo habíamos visto en un capítulo anterior, la confianza es el principal factor de compra y es lo mismo al momento de obtener una cita. Debes generar confianza al hablar. Es por esto que debes hacer tu llamada como si estuvieras hablando con un amigo, aunque no conozcas a la persona. En tus primeras palabras genera esa confianza que te dará mejores resultados al pedir la cita. Si no generas confianza y hablas como si fueras una persona de telemarketing de esas que te llaman para ofrecerte tarjetas de crédito, jamás vas a obtener la cita, con todo el respeto que se merecen las personas de telemarketing, su labor es muy dura pues todo el día están haciendo llamadas, llamadas que a muy pocos vendedores nos gusta.

Antes de hacer tu llamada, es importante visualizarte e imaginarte como si le fueras a hablar a un(a) amigo(a) a quien le tienes mucha confianza. Cierra los ojos e imagina que vas a hablar con él/ella, imagina cómo habla cuando hablas con esa persona y de esta forma obtén más seguridad. Cuando hablas con un amigo no te importa si dices cosas bien o cosas mal, eso es lo que tienes que lograr, mientras tengas tus puntos básicos de para obtener la cita.

Otro punto esencial, es definir cómo te vas a presentar ante el prospecto en el momento de la llamada. ¿Te vas a presentar con tu nombre? ¿Con el nombre de tu empresa? Ten bien claro cómo te vas a presentar.

Siempre debes ser muy directo, tienes que decir la verdad, nunca digas mentiras porque se proyectan en tu seguridad. Podrás conseguir una cita con mentiras, podrás conseguir un teléfono con mentiras, podrás conseguir muchas cosas con mentiras, pero al final de cuentas, estando con el cliente, el cliente lo va a percibir. Y a lo mejor sí cierras la venta, pero si se llega a dar cuenta, de una de las mentiras que tú dijiste, se acaba el negocio, se acaban los referidos, se acaba la buena reputación y comienzan los problemas de mala reputación. Siempre habla con la verdad y generarás más confianza, y tu seguridad aumentará.

Ahora quiero hablarte de doce puntos importantes para trabajarlos antes de que hagas tu llamada. ¿Cómo debes hacer las llamadas? ¿Cómo debes estar tú al momento de hacer las llamadas? A continuación, te los detallo:

- ✓ **Primero:** Debes de estar muy bien concentrado, si no estás concentrado en lo que estás haciendo no estás bien definido en lo que vas a decir, en lo que vas a hacer, en lo que vas a hablar, puedes cometer errores y eso es lo que queremos evitar.

- ✓ **Dos:** Debes estar bien enfocado en tus objetivos, haz la llamada cuando *te sientas bien físicamente*. Al momento de sentirte bien, proyectas seguridad. Si es un día en el que te sientes mal, estés enfermo, te duela la cabeza, el estómago, trata de evitar hacer las llamadas, necesitas estar bien físicamente.

- ✓ **Tres:** Busca estar bien contigo mismo, en la cuestión mental y en la confianza en ti mismo(a).

- ✓ **Cuatro:** Si en tu mente cabe la duda de que no te van a dar la cita, olvida la llamada. Porque seguro no la vas a conseguir. Si crees que puedes, puedes; si crees que no puedes, no puedes.

- ✓ **Cinco:** Muy importante. Muchos de los vendedores que conozco no lo hacen, y es un punto primordial, debes tener en la mano pluma, papel, y definitivamente tu agenda. Lo repito, tienes que tener en la mano pluma, papel y tu agenda. Pluma y papel para escribir exactamente horarios, para escribir el nombre de la persona a la que le estás hablando en ese instante. Recuerda que si vas a estar algunas horas haciendo llamadas vas a tener en tu mente muchos nombres y no queremos que te equivoques al momento de que te conteste alguno de tus prospectos. También debes apuntar las respuestas de quienes te contestaron, etc. Porque si no escribes todo lo que pasó en esos momentos de hacer las llamadas créeme que a la vuelta de un día se te va a olvidar que te dijeron.

✓ **Seis:** Cierre terminado. Nada de titubeos, tienes que estar determinado a lo que vas a lograr, a lo que vas a decir, a lo que vas a pedir, y acuérdate, tú le estás haciendo un favor a él, no él a ti. Entonces, sé determinado.

✓ **Siete:** Ya lo habíamos hablado, tener confianza en ti mismo. Confía en ti, confía en tu experiencia, confía en lo que haces. Si eres nuevo, confía en que tú sabes más que aquél con quien estás hablando, porque al que estás hablando no se dedica a esto, entonces, ten confianza en ti mismo. Recuerda, es muy importante para sentirte muy seguro. Que conozcas muy bien los productos o el servicio que manejas. Los conocimientos de los beneficios, soluciones y características de lo que vendes te darán más confianza para cuando el prospecto tenga una duda. Es parte de la preparación que debes tener antes de tu cita.

✓ **Ocho:** Generar confianza en el cliente. La gente compra por la confianza que le generas y la gente te da citas por la confianza que le generas, así que en generar confianza para tu prospecto aumentará tu éxito tanto en obtener tu cita como al momento de la presentación y el cierre.

- ✓ **Nueve:** Sonríe mientras hablas. En muchos cursos de capacitación en ventas te dicen que pongas un espejo al lado de donde estés hablando para que tú te estés viendo y estés sonriendo. Hay a quienes le gusta y a quienes no, a quienes les da miedo, otros se asustan. Dependiendo de cómo te guste a ti, pero siempre sonríe, porque eso se proyecta, es parte de la confianza que tienes que generar con el cliente, y, es más, es parte de la confianza que te vas a dar a ti mismo, entonces, siempre estar sonriendo en las llamadas te va a ayudar.

- ✓ **Diez:** Bloquear distracciones e interrupciones. Todas las distracciones e interrupciones, ¡bloquéalas! Si tienes una puerta hay que poner un letrero ahí, por favor no interrumpir, avísale a la gente que podría interrumpirte o llamarte que por favor en esos momentos no lo hagas. Pues, cuando estás haciendo tus llamadas lo peor es tener interrupciones. Primero porque pierdes el ritmo, segundo porque no te vas a concentrar al 100%, y tercero porque perderás efectividad. Busca la forma de bloquear esas distracciones de la mejor forma posible.

- ✓ **Once:** Hablar en horarios adecuados. ¿Qué son horarios adecuados? Esto es algo muy, muy, muy amplio, porque a todos mis coachees que conozco, a los cuales les pregunto, ¿cuál es la hora ideal para hacer llamadas? Cada uno de ellos, me contesta cosas totalmente diferentes, unos en la mañana, unos en la tarde, unos en lunes por la mañana, otros el viernes por la tarde, otros a la hora de la comida. Cada quien como le ha funcionado en el pasado.

Y la verdad es que las llamadas funcionan cuando ellos se sienten seguros. Encuentra para ti los momentos en el día en donde estás más lúcido o donde tú te sientes con más energía, y ese será el momento ideal para tus llamadas. Si tú crees que los viernes por la mañana es la mejor hora para hacer las llamadas, hazlas. Si tú crees que la mejor hora para hacer las llamadas es los martes a medio día, hazlo. Si tú crees que la mejor hora para hacer la llamada es a la hora de la comida, hazlo. A la hora que a ti te dé más confianza, ese es tu momento, es el mejor momento. Recuerda que la agenda la haces tú.

✓ **Doce:** La llamada debe ser rápida, entre un minuto, minuto y medio máximo. No hay razón para hablar más, a menos que el prospecto sea un amigo y hablen de otra cosa, pero tu objetivo lo tienes que lograr en el primer minuto, minuto y medio.

Muy bien, estos doce tips son muy importantes para que los consideres y los subrayes, porque estos doce tips, te van a dar ese ambiente que necesitas. Aquí no hablamos de un "speech" concreto, aquí hablamos de cómo debes estar tú, y de cómo debe estar tu ambiente para sentirte bien, y lograr que tus llamadas tengan éxito.

Vamos a repasarlo rápido:

- ✔ Uno, estar bien concentrado;
- ✔ dos, sentirte bien físicamente;
- ✔ tres, estar siempre positivo;
- ✔ cuatro, saber qué vas a decir;
- ✔ cinco, tener a la mano pluma, papel y agenda;
- ✔ seis, ser determinado;
- ✔ siete, tener confianza en ti mismo;
- ✔ ocho, crearle confianza al cliente;
- ✔ nueve, sonreír mientras hablas;
- ✔ diez, bloquear distracciones y/o interrupciones;
- ✔ once, hablar en horarios adecuados; y
- ✔ doce, una llamada rápida.

Estos doce tips son tips te pueden ayudar mucho. Son tips que he obtenido de los mismos vendedores exitosos a los que he apoyado. Ellos mismos han generado esta información. Es una recopilación de vendedores exitosos que han logrado ser aún más exitosos en las sesiones conmigo. Es una recopilación de todos ellos y lo quiero hacer claro, esto no es invento mío, no son ideas mías. No intento encontrar el hilo negro, esto sale de verdaderos vendedores que han logrado un éxito en su negocio, Mis aprendizajes sobre sus prácticas es lo que ha hecho este libro, pues de dónde más puede aprender uno si no es de los mismos vendedores con éxito. Yo solamente soy un vehículo para ti, que eres un vendedor nuevo, o quizá eres un vendedor consolidado que quiere crecer e incrementar sus ingresos.

Muy bien, ahora sí vamos a los objetivos de un "speech". Tú debes de tener objetivos muy claros al momento de hacer la llamada. Ya que estás en un ambiente controlado, en un ambiente de cero distracciones, muy seguro de ti mismo. Ahora sí, llega el momento de hacer la llamada, y decir lo necesario para obtener la cita, y para esto, antes te sugiero prepararte con un "speech", dependiendo de la persona a la que vas a llamar. Y el "speech" debe contener, siete objetivos principalmente, son cinco básicos y el sexto y el séptimo si lo consideras posible en esa llamada. Vamos con el primero.

Objetivos del speech:

- **Objetivo número uno** es decir quién eres, obviamente decir tu nombre, el nombre de tu empresa.

- **Objetivo número dos:** Decir quién te refiere. En caso de que esa llamada sea a un prospecto que te refirió otra persona.

- **Objetivo número tres:** Preguntar si la persona está ocupada o puede contestar en ese momento, y es a tu estilo. Hay muchos "speeches" que dicen: ¿Es un buen momento este para hablar con usted? Todo depende de tu estilo de comunicación. Quizá seas más coloquial y tu pregunta será diferente como ejemplo: ¿Estás ocupado? ¿Te interrumpo? Buscar la forma que tus palabras se adapten a tu forma de ser para que todo salga fluido.

- **Objetivo número cuatro:** Decirle qué es lo que haces, los beneficios y soluciones que le ofreces. Además de darle un ejemplo de cómo se ha beneficiado la persona que lo refirió y si es una llamada en frío y nadie te refirió con este prospecto, háblale de cómo se han beneficiado tus clientes en base a lo que tú haces.

- **Objetivo número cinco:** Es de cierta forma el momento cúspide, ¿cuándo? Cuándo nos vemos, ahí tú debes de darle dos opciones, para que él/ella decida. Ya si te dice que no puede en ninguna de esas dos opciones, bueno, ábrele una tercera o una cuarta opción. Acuérdate que tu objetivo es obtener la cita, pero sí dale dos opciones porque te va a funcionar mucho mejor que si le dices, "cuando tú quieras".

Estos cinco son los objetivos básicos.

Y como ya bien te había dicho en capítulos anteriores, sácalo de su oficina, que tu cita no sea en su oficina, busca que sea en otro lugar, claro que, si tu oficina es un lugar donde puedes tener una buena cita, lo ideal es que lo lleves a tu oficina, lo lleves a tu territorio. Si eres una persona que ha logrado premios, etc. Probablemente los tengas colgados, y eso lo va a ver, y eso también te da un estatus. Independientemente, lo ideal es que sea en tu oficina, si no, en un lugar neutral, y en el último de los casos, en su oficina, ese es el último de los casos. Si llega a ser en su oficina, sácalo de su lugar habitual, que sea en una sala de juntas, que sea en el comedor, que no esté él sentado en su silla, ¿por qué? Porque él ahí se siente con poder, porque aparte le pueden estar entrando llamadas, interrupciones, etc. Esa sería una solución interesante en el caso de que fuera en su oficina.

Ahora supongamos que la persona está abierta, tiene tiempo, es muy conveniente obtener más información para llegar mejor preparado a tu cita. Información que te ayude a saber más sobre sus necesidades. Por ejemplo, preguntas como: ¿Qué edad tienes?, ¿fumas?, ¿no fumas?, ¿tienes hijos?, ¿cuántos hijos tienes?, ¿estás casado? Este sería el objetivo número seis.

Y el siete, antes de terminar, es repetir y confirmar lo que acordaron en ese momento: Ricardo, nos vemos, entonces el día tal a la hora tal en el lugar tal, y si es en su oficina, le dices: ¿me puedes explicar cómo llegar? Crea mayor conexión entre tú y él, para que se responsabilice de lo que ya te dijo.

Obviamente, sabemos que existen objeciones. Una llamada puede ser ideal, una llamada puede ser muy bien hecha, sin embargo, siempre va a haber quien, responda con objeciones, y eso por supuesto que te puede poner nervioso. Entonces, debes de estar bien preparado para ese momento.

El Spa de las Ventas

> *"Tómese el tiempo para deliberar, pero cuando llegue el momento de la acción, deje de pensar y actúe".*
>
> —Napoleón Bonaparte

Espero que estos seis capítulos hayan sido para ti de aprendizaje y enriquecimiento. Gracias a todos mis coachees, te comparto este libro. Gracias a muchos vendedores que han trabajado conmigo y que ellos mismos han logrado cosas importantes, gracias a su experiencia, a su calidad como personas y a su capacidad de ser mejores día a día. Es importante lograr un balance entre nuestra vida personal y la profesional. Yo te invito a que leas cada uno de los capítulos con regularidad. Eso te va a ayudar a que estés constantemente con las ideas. Vuélvelos a leer y vuélvelos a leer, yo siempre voy a estar aquí para apoyarte, cualquier cosa que necesites, tienes mis datos puedes entrar a www.CoachRicardoGarza.com y me puedes contactar.

Hoy quiero nuevamente felicitarte, estamos terminando ya este libro, espero de todo corazón que lo hayas aprovechado al máximo, que realmente hayas definido una meta, y que realmente cada uno de los capítulos donde quedó un reto planteado, lo hayas logrado, si no lo has logrado aún porque te aventaste los seis capítulos seguidos, hazlo ahora, te llevará a ser mejor, como persona, como profesionista. Y te voy a dejar con un reto, a mí me gusta siempre terminar las cosas con retos. Pues los retos son pequeños escalones para lograr tus metas.

Rétate constantemente, busca a alguien que te apoye en el camino hacia tus metas, ya sea un mentor, coach, una persona de tu plena confianza que te ayude a plantearte esos retos. Podrás soñar todas las noches con lograr tus objetivos, tanto personales como los profesionales. Sin embargo, si por la mañana te levantas y no tomas acción, tu sueño seguirá siendo un sueño. Enfócate y actúa diariamente para lograr esas metas que te has planteado.

Tu reto es muy sencillo. En este instante define qué día y a qué hora harás esa burbuja de tiempo para hacer tus llamadas.

Te agradezco que me hayas tenido la confianza de apoyarte en este trayecto, pero lo que más espero es que hayas sacado algo productivo, para que hoy, seas mejor que ayer, mejor de cuando iniciaste a leer este libro.

A

FELICIDADES, HAS LLEGADO al final de este libro y aquí es donde encontrarás lo que significa la última letra de la palabra SPA. La "A" es la primera letra del abecedario y creo que por eso es que está al inicio. Pues sin ACCIÓN cualquier sueño, meta, deseo u objetivo se quedará incumplido.

Acción es una palabra que, de solo leerla, nos produce una extraña sensación de movimiento. Todo plan, toda meta, todo objetivo. Requiere que actuemos para lograrlos.

Luces, cámara, acción... es lo que dicen cuando están grabando una película. Acción significa actuar, crear, hacer, enfrentar. Sí, enfrentar los retos e iniciar el camino hacia nuestras metas. Este es el complemento de la SEGURIDAD Y LA PASIÓN. Porque por más seguridad y pasión que tengamos por algo, si no nos movemos no crecemos, si no nos movemos no logramos, si no nos movemos morimos. Por eso es importante actuar, la acción representa enfrentar el camino hacia el éxito. Es imposible lograr algo si no actuamos para lograrlo.

Por ahí hablan de que la ley de la atracción, es simplemente pensar para que las cosas sucedan. Creo que sí tenemos que actuar. Sí creo en la ley de la atracción y considero que es importantísima para generarnos crecimiento, expansión y logros. Sin embargo, esa ley de la atracción nos dará las oportunidades para que nosotros actuemos y demos los pasos hacia nuestros sueños.

Es por eso que yo te pregunto: ¿Qué esperas para tomar acción y aplicar los puntos que viste en este libro? Pues por mejor vendedor que seas, yo sé y estoy seguro que por lo menos sacaste una cosa interesante de este libro. Sin embargo, lo más importante es que los utilices y los pongas en práctica. Que actúes utilizando lo que has aprendido para que te ayude a lograr todo lo que te propongas.

Como te pudiste dar cuenta, El SPA de las Ventas habla más sobre la importancia de creer en ti mismo, de establecer metas, de obtener inspiración por lo que quieres lograr. Habla más de la persona que de las técnicas específicas de las ventas. ¿Por qué? simplemente porque para ser un excelente vendedor recuerda que el 80% viene de la psicología de la persona y solo el 20% de los conocimientos.

Hoy puedes tomar dos decisiones, la primera es cerrar este libro y dejarlo en la historia. O la segunda, es tomar acción, aplicar lo que hayas aprendido para que logres cambiar tu vida a partir de hoy. Como siempre, tú decides, ¿vas por todo o esperas a que las cosas sucedan?

Obtén Seguridad en ti mismo, encuentra Pasión por lo que quieres lograr y toma Acción para lograr lo que quieres.

*Si piensas que estás vencido, ya lo estás,
si piensas que no te atreves, no lo harás,
si piensas que te gustaría ganar, pero no puedes,
es casi seguro que no lo lograrás.
Porque en el mundo encontrarás que el éxito
empieza con la voluntad del hombre.
Todo se halla en el estado mental.
Porque muchas carreras se han perdido
antes de haberse corrido,
y muchos cobardes han fracasado
antes de haber iniciado su trabajo.
Piensa en grande y tus hechos crecerán,
piensa en pequeño y quedaras atrás,
piensa que puedes y podrás;
todo está en el estado mental.
Si piensas que tienes ventaja, ya la tienes;
tienes que pensar bien para elevarte,
tienes que estar seguro de ti mismo,
antes de intentar ganar un premio.
La batalla de la vida no siempre la gana
la persona más fuerte o ligera,
porque tarde o temprano, la persona que gana,
es aquella que cree que puede hacerlo.*

—Rudyard Kipling

Visita mi página para conocer más sobre cómo te puedo apoyar:

www.coachricardogarza.com

www.ingramcontent.com/pod-product-compliance
Lightning Source LLC
Chambersburg PA
CBHW071210240526
45470CB00018B/1702